LA
VIGNE ET LE VIN

Guide théorique et pratique
DU VIGNERON

(Orné de trente-huit gravures)

PAR

Francisque CHAVERONDIER

CHEVALIER DE LA LÉGION-D'HONNEUR ;
VICE-PRÉSIDENT DE LA SOCIÉTÉ DE VITICULTURE ET D'ARBORICULTURE DE LA LOIRE
ET DE LA SOCIÉTÉ D'AGRICULTURE DE L'ARRONDISSEMENT DE ROANNE ;
LAURÉAT DE LA MÉDAILLE D'OR AU CONCOURS RÉGIONAL DE 1871 ;
MEMBRE CORRESPONDANT DE PLUSIEURS SOCIÉTÉS D'AGRICULTURE ;
PRÉSIDENT DU TRIBUNAL ET DE LA CHAMBRE DE COMMERCE DE ROANNE ;
MEMBRE DU CONSEIL GÉNÉRAL DE LA LOIRE ET DE LA
COMMISSION DÉPARTEMENTALE.

> La vigne est la culture la plus colonisatrice, et
> son produit fermenté contient la plus grande
> force qui puisse animer le corps, le cœur et
> l'esprit des hommes réunis en familles et en
> tribus.....
> La viticulture est de toutes les manières
> d'utiliser le sol, celle qui assure le mieux
> l'aisance de la famille rurale.
> > Dr Jules GUYOT.

SECONDE ÉDITION.

❦

À PARIS	À ROANNE
À LA LIBRAIRIE AGRICOLE	CHEZ DURAND, LIBRAIRE
26, rue Jacob, 26.	rue du Collége.

1876.

TOUS DROITS RÉSERVÉS.

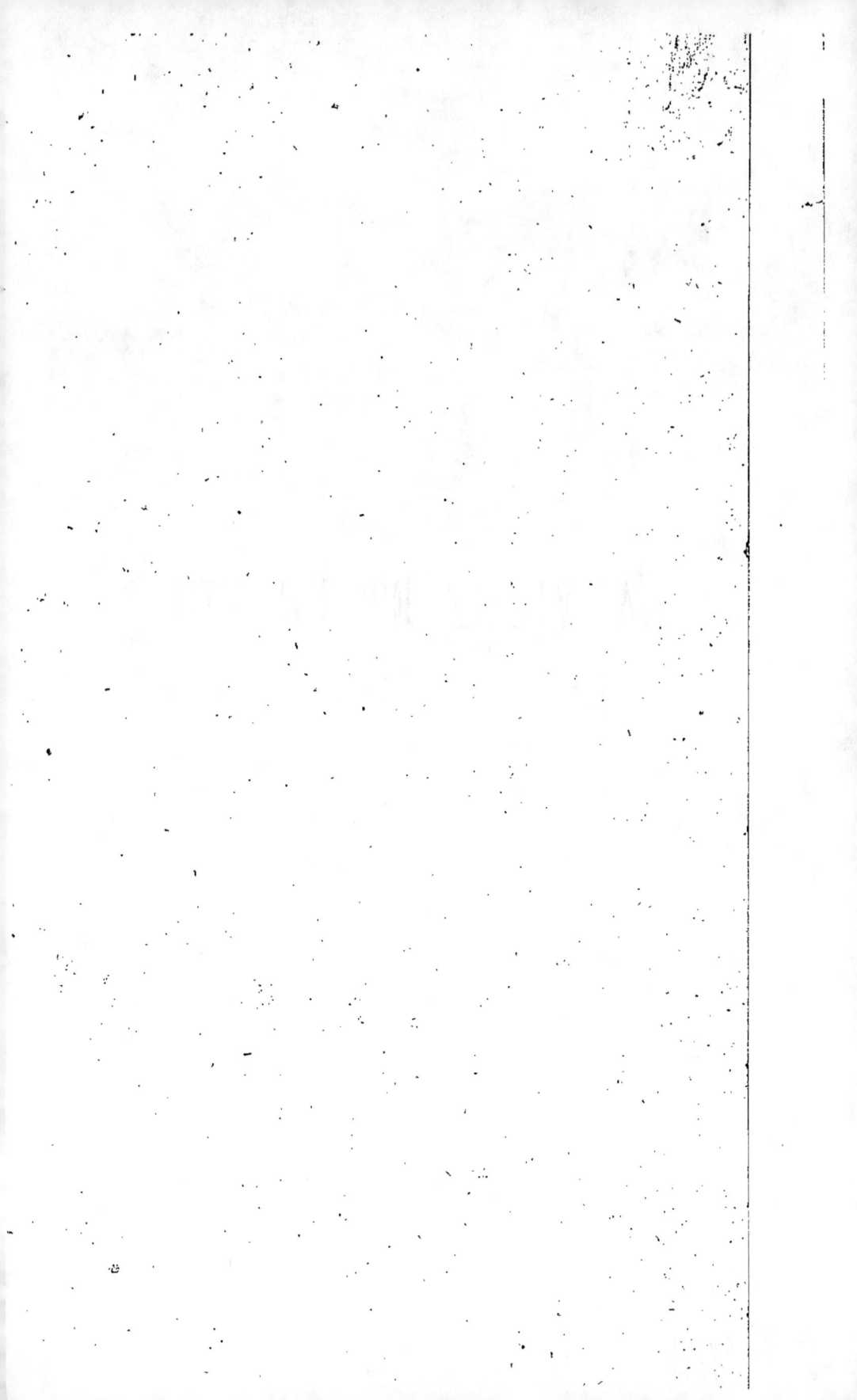

LA VIGNE ET LE VIN

SAINT-ETIENNE, IMPRIMERIE BENEVENT.

LA
VIGNE ET LE VIN

Guide théorique et pratique

DU VIGNERON

(Orné de trente-huit gravures)

PAR

Francisque CHAVERONDIER

CHEVALIER DE LA LÉGION-D'HONNEUR ;
VICE-PRÉSIDENT DE LA SOCIÉTÉ DE VITICULTURE ET D'ARBORICULTURE DE LA LOIRE
ET DE LA SOCIÉTÉ D'AGRICULTURE DE L'ARRONDISSEMENT DE ROANNE ;
LAURÉAT DE LA MÉDAILLE D'OR AU CONCOURS RÉGIONAL DE 1871 ;
MEMBRE CORRESPONDANT DE PLUSIEURS SOCIÉTÉS D'AGRICULTURE ;
PRÉSIDENT DU TRIBUNAL ET DE LA CHAMBRE DE COMMERCE DE ROANNE ;
MEMBRE DU CONSEIL GÉNÉRAL DE LA LOIRE ET DE LA
COMMISSION DÉPARTEMENTALE.

> La vigne est la culture la plus colonisatrice, et
> son produit fermenté contient la plus grande
> force qui puisse animer le corps, le cœur et
> l'esprit des hommes réunis en familles et en
> tribus.....
> La viticulture est de toutes les manières
> d'utiliser le sol, celle qui assure le mieux
> l'aisance de la famille rurale.
>
> Dr JULES GUYOT.

SECONDE ÉDITION.

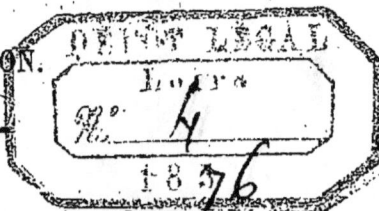

A PARIS
A LA LIBRAIRIE AGRICOLE
26, rue Jacob, 26.

A ROANNE
CHEZ DURAND, LIBRAIRE
rue du Collège.

1876.

A MONSIEUR LE DOCTEUR JULES GUYOT

Cher et honoré Maître,

C'est à vos remarquables ouvrages et à vos bienveillants conseils que je dois le goût de la viticulture et le peu que je sais de cet art si attrayant, mais si difficile.

Permettez-moi donc, en témoignage de ma vive reconnaissance, de vous dédier ce livre, que je ne saurais placer sous un meilleur patronage.

En accueillant favorablement cette preuve de ma gratitude, vous me donneriez une marque d'estime dont je serais heureux et fier.

Agréez, cher et honoré Maître, l'hommage de mon profond respect.

Fçe CHAVERONDIER.

Perreux, le 3 octobre 1871.

A MONSIEUR FRANCISQUE CHAVERONDIER, A PERREUX

Cher Monsieur,

J'accepte, avec la plus vive gratitude, l'honneur de votre dédicace. Vous êtes un des viticulteurs les plus ingénieux et le plus sérieusement persévérant qu'il m'ait été donné de connaître en France. Vous êtes, en même temps, un des caractères loyaux et droits, si rares aujourd'hui. Je n'ose pas vous prédire un prompt succès de votre publication, mais je crois pouvoir dire que le succès en est assuré avec un peu de temps, car aujourd'hui les lecteurs sont rares. Mais, d'après ce que je sais de vous, votre ouvrage ne peut manquer d'être goûté.

Veuillez, cher Monsieur, agréer, avec mes remerciements, l'expression de mes sentiments les plus distingués.

Dᵣ JULES GUYOT.

Savigny-lès-Beaune, le 5 octobre 1871.

AVANT-PROPOS

En écrivant cet ouvrage, j'ai eu pour but : 1° l'amélioration des vins par un judicieux choix des cépages et par une vinification raisonnée; 2° la culture économique de la vigne par la substitution de la charrue à la pioche, du fil de fer aux échalas et du sécateur à la serpe.

L'amélioration du vin, qui hier était facultative, deviendra demain une nécessité. Pour s'en convaincre, il suffit d'envisager l'immense espace réservé aux cépages grossiers, espace qui est de plus de deux millions d'hectares, tandis que les cépages mi-fins et fins occupent à peine trois cent mille hectares.

La production des vins communs ne cesse de s'accroître et celle des bons vins diminue sensiblement. En effet, dans beaucoup de vignobles on ne plante presque plus de fins cépages et l'on arrache une partie de ceux qui restent pour les remplacer par des cépages grossiers qui sont plus productifs; on sacrifie la qualité à la quantité.

Dans le Midi, l'étendue des vignes a augmenté dans une énorme proportion, et l'on n'y plante, surtout dans les bons terrains de plaine, que l'Aramon et le Terret-Bourret, qui donnent des récoltes fabuleuses, mais dont le vin est de mauvaise qualité. Ces vins qui, avant 1860, étaient exclusivement destinés à la chaudière, entrent presque tous aujourd'hui dans la consommation, grâce au vinage et aux débouchés que la création des chemins de fer leur a procurés.

Dans un avenir très-prochain, les bons vins ordinaires seront inévitablement rares et recherchés; c'est donc à les produire que doivent s'attacher les propriétaires qui plantent de la vigne et qui ne sont pas placés dans de trop mauvaises conditions, car on peut obtenir une quantité presque aussi grande de bon vin que de mauvais, le Midi excepté.

La culture économique de la vigne s'impose de même comme une nécessité absolue, et elle ne peut être réalisée que par l'emploi de la charrue, par la substitution du fil de fer aux échalas et du sécateur à la serpe.

Je ne me suis pas dissimulé la difficulté de cette tâche, et si j'ai osé l'entreprendre, c'est que les instances de mes amis l'ont emporté sur le sentiment de mon insuffisance.

Les questions que je vais aborder ont été si magistralement traitées par Cavoleau, Lenoir, le comte Odart, le docteur Jules Guyot et tant d'autres auteurs éminents, que je n'aurais pas eu le courage de livrer mon manuscrit à l'impression, si je n'avais espéré trouver chez mes lecteurs toute l'indulgence dont j'ai besoin pour les nombreuses imperfections qu'ils rencontreront en parcourant cet ouvrage.

INTRODUCTION

De toutes les plantes cultivées en France et destinées à l'alimentation de l'homme, la vigne est, avec les céréales, celle qui donne les plus importants produits; mais elle occupe incontestablement le premier rang sous le rapport des immenses ressources financières qu'elle offre à l'Etat et aux communes sous la forme de l'impôt indirect.

Nul produit de notre agriculture ou de notre industrie n'est susceptible d'une aussi vaste exportation que le vin.

Nulle culture ne peut contribuer autant que celle de cet arbrisseau à la richesse et à la puissance d'une nation. En effet, partout où elle peut prospérer, la vigne crée la richesse; partout où elle est cultivée, elle crée la population, et une population saine, robuste et intelligente.

Comment se fait-il que nos gouvernements, au lieu de favoriser l'extension de la culture de cet arbrisseau colonisateur par excellence, aient pris à tâche de l'enrayer par les entraves, et, on peut le dire, par les vexations résultant de l'assiette vicieuse des lourds impôts qui pèsent sur elle?

En 1860, une magnifique occasion s'offrait à nos hommes d'Etat de favoriser cette branche importante de notre agriculture nationale, en stipulant des tarifs modérés à l'importation de nos vins en Angleterre, en échange des droits insuffisants qu'ils acceptaient à l'importation des filés et tissus de cotons anglais en France. Eh bien ! ces économistes de fraîche date n'ont pas su saisir cette occasion, et ils ont consenti à subir le droit exorbitant, presque prohibitif, que les Anglais ont exigé pour permettre à nos vins de franchir le détroit.

Je comprends que les propriétaires du Bordelais ne se plaignent pas, car les vins qu'ils expédient à nos voisins d'Outre-Manche, valant au moins 150 francs l'hectolitre, prix moyen, n'ont à supporter qu'un droit de 18 pour %, et, comme ils s'adressent spécialement à la classe riche, ce n'est pas un obstacle à leur écoulement en Angleterre. Mais le Bordelais n'est pas la France, et, sur une production de 65 millions d'hectolitres, la Gironde n'en récolte que 3 millions environ, c'est-à-dire moins d'un vingtième, qui se trouve favorisé aux dépens des dix-neuf autres vingtièmes.

Les traités de commerce doivent tenir la balance égale entre toutes les branches de la richesse publique et ne sacrifier aucune industrie, aucun produit agricole au profit des autres. Cependant, dans notre traité avec l'Angleterre, nos vins ordinaires sont évidemment sacrifiés aux vins fins. En effet, le prix moyen des vins de France, n'atteignant pas 30 francs l'hectolitre, c'est un droit de près de cent pour cent que cette nation perçoit sur nos vins qui payent 27 francs 50 par hectolitre pour entrer dans le Royaume-Uni.

Demandons donc à l'Angleterre une juste réciprocité de droits modérés sur nos vins qui sont appelés à devenir notre principal objet d'échange, comme les filés et tissus de coton sont, pour cette puissance, l'objet d'échange le plus important.

Si le climat de l'Angleterre lui avait permis de cultiver la vigne, il y a longtemps qu'elle aurait inondé toutes les nations de ses vins, comme elle a imposé l'opium de ses colonies à la Chine.

Mais ce n'est pas seulement vis-à-vis de l'Angleterre qu'il est nécessaire de modifier nos tarifs douaniers ; il est urgent que les nations qui cultivent la vigne admettent nos vins moyennant un droit égal à celui que nous percevons sur les leurs. Or les vins des nations étrangères ne payent, à leur entrée en France, qu'un simple droit de contrôle de 30 centimes par hectolitre, tandis que ceux que nous leur expédions ont à supporter un droit qui varie de 17 à 44 francs par hectolitre.

Il suffit d'indiquer ces chiffres pour faire comprendre la nécessité de modifier nos tarifs douaniers.

Le gouvernement devrait encourager par tous les moyens possibles la production, l'amélioration et l'exportation de nos vins, au lieu de perpétuer les entraves qui nuisent à l'immense développement que peut et doit prendre la culture de la vigne. Qu'il y songe : il y a là peut-être un des plus sûrs moyens de relever notre puissance et notre richesse nationales si fortement compromises par la guerre désastreuse que nous venons de soutenir contre la Prusse.

En effet, la France produit les meilleurs vins alimentaires du monde entier, et leurs qualités diffèrent tellement, selon les cépages et les lieux de production, qu'ils peuvent satisfaire les goûts les plus divers. La plupart des puissances étrangères s'approvisionneront donc certainement chez nous, lorsque, par suite de l'abaissement des tarifs douaniers, leurs peuples pourront se procurer nos vins à un prix modéré. Alors notre exportation, qui est seulement de trois millions d'hectolitres (moins que la consommation de Paris), pourra atteindre soixante millions d'hectolitres, c'est-à-dire doubler notre production et élever à cinq millions d'hectares l'étendue de la culture de la vigne. Cette augmentation en amènerait une correspondante de la population, soit plus de six millions d'habitants, et le revenu territorial de la France s'accroîtrait de plus d'un milliard.

Mais il ne suffit pas d'abaisser les barrières extérieures, il faut aussi abaisser les barrières intérieures, et c'est par là qu'on aurait dû commencer. Si cela avait été fait avant 1860, nos négociateurs auraient eu une plus grande autorité morale pour réclamer et obtenir des conditions très-favorables à l'exportation de nos vins.

Nos économistes ont dégrevé les produits que l'on emploie en raison de sa fortune, au lieu de dégrever les denrées alimentaires dont personne, pauvre ou riche, ne peut se passer. Ils devaient avant tout abolir les octrois qui frappent indistinctement tous les Français et pèsent bien lourdement sur les classes nécessiteuses.

La suppression, ou tout au moins l'abaissement des droits d'octroi est une mesure d'autant plus urgente, qu'ils donnent lieu, dans les grandes villes, à des sophistications éhontées et déplorables. Ainsi l'on vend à Paris, comme vin, un liquide qui n'en a que le nom et qui contient une foule d'ingrédients très-nuisibles à la santé.

Il y a là une grande et salutaire réforme à opérer, et les viticulteurs sont intéressés à en poursuivre la réalisation.

En Angleterre, en Belgique, en Allemagne, en Suisse et aux Etats-Unis il n'y a point d'octrois. Leur suppression en France, et la levée des obstacles à la libre circulation des vins serait un bienfait accueilli avec reconnaissance par les populations.

Mais je n'ose pas trop insister sur ce point, car la triste position de notre malheureux pays l'oblige, non-seulement à conserver ses ressources, mais encore à les accroître; il faut donc renvoyer à des temps meilleurs l'accomplissement d'une réforme aussi indispensable.

15 mars 1871.

DE

L'ÉCONOMIE VINICOLE

L'économie vinicole est l'ensemble des principes qui doivent guider le propriétaire dans la marche à suivre pour tirer le meilleur parti de ses vignes. En d'autres termes, l'économie vinicole est tout ce qui se rapporte à l'organisation, à la direction et à l'exécution intelligente des divers travaux d'un vignoble, à une bonne vinification, et, en un mot, à la production, au plus bas prix possible, d'un bon vin de consommation directe.

Les auteurs éminents qui ont écrit sur la vigne, ont eu, en grande partie, le tort d'émettre des doctrines trop absolues et de pousser à la production presque exclusive des grands vins. Cependant les vins d'entremets et de dessert sont nécessairement localisés ; car, si le cépage domine le crû, il est incontestable que le climat et surtout le sol exercent une influence considérable sur la qualité du vin. S'il en fallait une preuve, on la trouverait dans tous nos vignobles renommés. Ainsi, les grands vins de Bourgogne sont tous produits par le Pineau franc, ou Noirien, et pourtant il y a des différences très-sensibles entre les vins des divers crûs de cette province, malgré qu'ils aient tous un air de famille. Souvent une vigne séparée seulement de sa voisine par un fossé, donne du vin bien préférable, quoique l'exposition et le cépage soient les mêmes. Cela vient de ce que le terrain de l'une a été modifié par des apports de terres, de composts ou d'engrais, tandis que le sol de l'autre a été peu amendé ou l'a été d'une manière différente.

De même qu'il serait infiniment regrettable de voir les propriétaires des crûs renommés renoncer aux cépages fins, de même aussi ne conseillerais-je pas aux vignerons des contrées moins favorisées sous le rapport du sol et du climat, de cultiver exclusivement ces cépages, qui, produisant moins que les cépages grossiers, ne compenseraient pas, par la qualité de leur vin, la différence de quantité.

Les vins fins sont destinés à la table du riche, c'est-à-dire à l'exception, tandis que les bons vins ordinaires s'adressent à la grande consommation, et leur usage se répandra de plus en plus si, par un judicieux choix des cépages et par une vinification raisonnée, on les améliore de manière à en faire une boisson aussi agréable que salutaire, tout en la produisant avec le moins de frais possible, afin de la rendre accessible à toutes les bourses.

Il est nécessaire que la classe ouvrière puisse faire un usage journalier de bon vin naturel et que le vigneron retire de son produit un prix suffisamment rémunérateur. Là est le problème à résoudre, problème difficile peut-être, mais non insoluble.

Jusqu'à présent la plupart des propriétaires se sont peu préoccupés des moyens d'atteindre ce double but, de produire bon et à bas prix. Ils ont planté de la vigne sans s'inquiéter de ce que leur coûterait le vin; ils le vendent cher, tant mieux; se vend-il bon marché, tant pis; mais il en est certainement bien peu qui fassent leur inventaire chaque année et qui puissent dire le bénéfice qu'ils ont réalisé ou la perte qu'ils ont subie. Je crois même que beaucoup d'entre eux s'imaginent qu'ils ne sont jamais en perte. C'est là une erreur qu'il importe de dissiper.

Les viticulteurs doivent suivre l'exemple des industriels et faire exactement leur prix de revient, afin de savoir si le cours du vin leur présente du bénéfice ou de la perte. Dans ce dernier cas, ils ont intérêt à rechercher s'il ne leur est pas possible de faire des économies sur les frais de production, et à les réaliser promptement, sans pour cela diminuer les soins nécessaires à la bonne tenue de leurs vignes.

Le prix de revient se compose :

1° Du loyer de la vigne adulte, c'est-à-dire, en plein rapport;

2° Des frais de culture de toutes sortes ;

3° Des frais d'échalas ou de fil de fer ;

4° Des frais des engrais et amendements ;

5° Des impôts ;

6° De l'amortissement et du loyer des bâtiments, bennes, cuves, pressoir, etc.

7° Des frais de vendange et de vinification ;

8° De la perte sur les futailles.

Lorsque le propriétaire a vendu sa récolte, il doit inscrire, d'un côté de son livre de compte, la somme qu'il en a retirée, et de l'autre côté le montant des frais énumérés ci-dessus. S'il y a un excédant de recettes, c'est le bénéfice; si, au contraire, la somme des frais l'emporte sur la recette, il y a perte.

La production des vins communs augmente sans cesse, au détriment des bons vins ordinaires; mais plus cette production s'accroîtra, plus les bons vins ordinaires seront rares et recherchés. Chaque jour la fortune publique augmente, le goût du confortable se répand dans toutes les classes, et bientôt les mauvais vins seront délaissés par la plupart des consommateurs.

J'aurai rempli le but que je me propose si je fais passer dans l'esprit de mes lecteurs la conviction qui m'anime, que, dans les vignobles où l'on ne produit aujourd'hui que des vins mauvais ou médiocres, il est possible d'en produire de bons, et presque en aussi grande quantité sans augmenter les frais de culture.

Mais ce n'est pas par des procédés chimiques qu'il faut chercher à perfectionner nos produits. Avant Lavoisier, le Bordelais, la Bourgogne et tous nos crûs célèbres récoltaient d'aussi excellents vins qu'aujourd'hui. Néanmoins il est juste de reconnaître que la chimie a fait faire d'incontestables progrès à la vinification et a ainsi contribué à l'amélioration des vins ; mais, en revanche, elle nous a appris à les sophistiquer.

Le vrai et le seul laboratoire du vigneron doit être sa vigne, sa cuve et sa cave. C'est donc par un choix intelligent des cépages, par une vinification raisonnée et par des soins multipliés donnés au vin que l'on peut arriver à des améliorations sérieuses et désirables.

Le consommateur qui, autrefois, se contentait d'un vin n'ayant pour tout mérite que la couleur, commence à devenir plus exigeant. Les goûts s'épurent de jour en jour ; il serait donc difficile de faire accepter maintenant les vins que les Romains aromatisaient avec de la poix, du miel et autres ingrédients auxquels on a eu le bon esprit de renoncer.

Il est constant que si certains vignobles ont perdu leur ancienne réputation, cela tient à ce que l'on y a substitué de mauvais cépages à ceux dont ils étaient complantés auparavant.

Le progrès en toutes choses est la loi universelle ; progressons donc, améliorons notre production, afin de ne pas nous laisser devancer par l'Amérique et l'Australie, qui nous menacent d'une redoutable concurrence ; maintenons à la France cette réputation méritée de produire les meilleurs vins du monde entier.

Dans ma très-modeste sphère, j'ai fait tous mes efforts pour arriver à ce résultat, et, si j'ai échoué sur bien des points, si j'ai éprouvé d'assez nombreux échecs, j'ai du moins la satisfaction de penser que j'ai obtenu des résultats qui ne seront peut-être pas sans exercer plus tard quelque influence autour de moi.

LA VIGNE

L'industrie de l'homme a déjà
beaucoup fait pour la vigne,
cependant il lui reste beaucoup
plus à faire.

LENOIR.

La vigne est originaire de l'Asie, et tous les
documents historiques indiquent que c'est sous ce
climat, entre le vingtième et le quarantième degrés
de latitude, qu'elle a été d'abord cultivée.

Plus tard la vigne s'est avancée vers le Nord,
grâce aux Phéniciens et aux Egyptiens, qui successivement en ont porté la culture sur tout le
littoral de la Méditerranée. De là elle a été introduite dans la Gaule et dans la Germanie, au
fur et à mesure que l'on y détruisait les forêts
qui en couvraient le sol, et qui, par l'humidité
qu'elles y entretenaient, n'auraient pas permis de l'y
implanter.

La vigne est l'arbrisseau le plus généralement
répandu sur la surface du globe. Elle croît spon-
tanément dans l'Asie mineure, en Afrique, en Perse,
en Cochinchine, en Arabie, en Chine, au Japon,

et dans l'Indoustan. En Amérique, on la trouve dans toutes les forêts qui s'étendent depuis le Canada jusqu'au golfe du Mexique.

On cultive la vigne sous le quinzième degré, aux îles du Cap-Vert ; sous le dixième de latitude dans l'hémisphère austral et sous le vingt-huitième aux Canaries. Schiraz produit, sous le trentième degré, des vins célèbres dans tout l'Orient. C'est au sud du quarantième degré que l'Espagne récolte les vins renommés de Xérès, Madère, Malaga et Alicante ; le Portugal, les grands vins de Sétuval, Porto, etc...

Le climat de la France ne paraît donc pas éminemment favorable à cet arbrisseau, et cependant, grâce à une culture très-soignée, aussi bien qu'à un bon choix de cépages parfaitement appropriés au sol et au climat, notre pays produit d'excellents vins. Et ce qu'il y a de remarquable, c'est que les meilleurs sont récoltés dans les vignobles situés entre le quarante-cinquième et le quarante-neuvième degré de latitude.

La vigne est sans contredit la plus robuste, la plus vivace de toutes les plantes grimpantes ; elle a une puissance de végétation qu'aucune autre ne possède au même degré.

Dans l'Amérique septentrionale, certaines espèces de vigne atteignent le sommet des arbres les plus élevés. Leurs sarments nombreux et puissants enlacent les branches de ces arbres séculaires et les étreignent avec une force telle qu'ils finissent

par occasionner la mort de ces géants de la végétation.

Dans une propriété contiguë à la mienne, il
existe, sur le penchant d'un vallon, un bois
taillis qui date probablement d'un siècle, car les
hommes les plus âgés ne se rappellent pas l'avoir
vu planter. Antérieurement, ce terrain était occupé
par une vigne, si l'on en juge par un assez grand
nombre de ceps qu'on y voit encore pousser des
jets robustes, malgré que ce bois soit très-touffu,
et qui restent là comme pour attester l'extrême
vigueur de l'espèce.

Aussi, malgré les tortures que lui inflige la
serpette du vigneron, la vigne vit-elle de longues
années.

Il faut, en effet, qu'elle soit douée d'une constitution à toute épreuve pour résister aux mille
méthodes de taille qui sont pratiquées dans les
divers vignobles et qui, souvent, sont contraires
aux plus simples notions de la physiologie végétale.

Mais si les traitements empiriques qu'on lui fait
subir ne tuent pas immédiatement la vigne, ils en
abrègent la durée et diminuent considérablement la
quantité de ses produits.

On ne saurait donc trop insister sur la nécessité
de raisonner la taille de la vigne et de la pratiquer, avec les plus grands soins. En effet, une vigne
convenablement taillée produira beaucoup plus
qu'une vigne taillée sans discernement et elle sera

moins vite épuisée, car une mauvaise taille tue plus promptement la vigne qu'une mauvaise culture.

Choix du terrain et son influence sur la qualité du vin.

La vigne a une vigueur telle, qu'elle vient dans tous les sols, pourvu qu'ils soient perméables à l'air et à l'eau ; elle pousse même dans les terrains presque arides dans lesquels d'autres végétaux ne vivraient pas. Il ne faut pas croire cependant que le choix du terrain soit indifférent ; car, si le cépage a la plus grande influence sur la qualité du vin, celle du sol vient immédiatement après.

Tous les sols renferment au moins les trois substances terreuses les plus abondantes sur la surface du globe : la silice, le calcaire et l'alumine. Le mélange de ces terres est varié à l'infini ; mais, selon que l'une ou l'autre est prépondérante, le sol prend la dénomination de siliceux, calcaire ou argileux.

Il y a aussi les sols granitiques, formés de détritus des granites, et les sols schisteux, produits par la décomposition des schistes ; ils sont plus compliqués que les précédents. Les sols volcani-

ques, formés par les déjections des volcans, offrent
tous les éléments terreux qui existent sur le globe.
Ces trois derniers sols sont les plus favorables à
la vigne, en raison du grand nombre d'éléments
qui les composent et qui sont moins variables que
dans les autres. Aussi la vigne s'y développe-t-elle
avec une grande vigueur.

Il n'en est pas de même des sols siliceux, calcaires et argileux ; leurs substances offrent des
proportions très-variées dont la vigne s'accommode
moins bien.

Tous ces sols, à part le tuf et l'argile pure,
pourvu qu'ils soient mélangés de cailloux, de
pierres ou de graviers, peuvent convenir à la
culture de la vigne. Il est même rare que, dans
une propriété de quelque étendue, il ne se trouve
pas un champ susceptible de produire du très-bon
vin.

Les sols purement siliceux, qui ne contiennent
qu'une faible proportion d'argile et de calcaire,
sans être mélangés de cailloux ou de pierrailles,
sont les moins propres à la vigne. Ceux de même
nature qui contiennent une proportion convenable
de calcaire et d'argile et qui sont mélangés de
cailloux, produisent des vins d'excellente qualité.
Tels sont les vignobles du Médoc et des Graves, dans
le Bordelais.

Les sols calcaires contenant une proportion suffisante d'argile et de calcaire produisent de très-bons
vins ayant du corps et une saveur parfaite. Ces sols

dominent dans la Champagne, en Bourgogne, en Languedoc et dans la Touraine.

Les vins de l'Hermitage, de Condrieux et de Saint-Péray proviennent de sols granitiques, et c'est sur un sol schisteux qu'on récolte les vins de Côte-Rôtie, une partie de ceux des Pyrénées-Orientales et les meilleurs de l'Anjou.

Le choix du terrain a donc une grande importance pour l'établissement d'un vignoble, et les vignerons ne sauraient trop examiner la nature du sol dans lequel ils ont l'intention d'établir une vigne, afin d'y planter le cépage qui s'en accommodera le mieux.

L'expérience démontrant à n'en pouvoir douter, que les éléments constitutifs du sol exercent une très-grande influence sur la qualité des produits, ne serait-il pas possible de transformer le sol des vignes qui produisent des vins médiocres, en lui fournissant les éléments qui lui manquent et qui sont nécessaires pour obtenir de tel ou tel cépages son maximum de qualité?

Dans les mêmes contrées, je le répète, combien ne voit-on pas de différentes qualités de vin provenant du même cépage. Ainsi, dans le Médoc, le Cabernet-Sauvignon devrait donner le même vin; et cependant les vins de ce crû distingué forment cinq grandes divisions. Ces différences dans la qualité des vins de la même contrée ne peuvent évidemment provenir que du sol.

Donc, en analysant le terrain d'un vignoble

produisant d'excellents vins, et en faisant également l'analyse du sol où l'on veut planter la vigne, il serait facile de connaître quels sont les éléments qu'il faudrait ajouter à celui-ci pour arriver à la composition, sinon exacte, tout au moins approximative de celui-là.

Cette transformation, si étrange qu'elle paraisse, n'est point une utopie. On transforme bien la terre des jardins par des engrais et des amendements; mais, jusqu'à présent, ces transformations n'ont été opérées qu'en vue d'une plus grande quantité de produits. Pourquoi n'agirait-on pas de même pour en améliorer la qualité? Il est probable qu'avec cette transformation on n'arriverait pas à produire du vin aussi bon que celui pris pour type, mais certainement on s'en rapprocherait beaucoup.

Situation.

La situation d'un vignoble a presque autant d'importance sur les produits de la vigne que son exposition. Aussi, lorsqu'on veut établir un vignoble, doit-on donner la préférence aux terrains placés dans une situation un peu élevée et inclinée à l'horizon, et non au sommet d'une montagne, ou dans une étroite vallée.

En général les plaines sont peu favorables à la production de bons vins, et la vigne y subit souvent l'influence des gelées printanières. Cependant il y a de très-honorables exceptions : ainsi le vin de Falerne, immortalisé par Horace, était produit par les vignes de la plaine située au bas des monts Gauraniens. Le vignoble de Syracuse était aussi dans une plaine. Les vins de la plaine de la Crau, près d'Arles, sont très-estimés, ainsi que ceux de la plaine de Saint-Nicolas-de-Bourgueil, en Touraine. On peut encore citer la plaine du Roussillon et celle de Montauban, dont la qualité des produits le dispute à celle des vins des coteaux. Néanmoins c'est, en général, dans les vallées bien ouvertes, ou sur les collines qui bordent de grandes plaines qu'il faut de préférence planter la vigne, et surtout vers le milieu des collines peu inclinées ; car, plus haut, la vigne est souvent déchaussée par les grandes pluies et trop exposée à l'action des intempéries ; plus bas, la terre, y recevant tout ce que les eaux entraînent, est trop fertile et ne donne que de mauvais vins.

Culture de la vigne sur les rochers.

Avant de passer au chapitre suivant, je veux dire un mot de la culture de la vigne sur les rochers, proposée par M. Persoz, professeur à la Faculté des sciences de Strasbourg. Cette culture présenterait une notable économie dans les travaux annuels de la vigne ; mais les frais de défonçage seraient plus considérables. Voici la manière de procéder : je suppose une colline rocheuse de 48 mètres de longueur sur 30 mètres d'élévation. Il faut ouvrir à la partie basse un fossé horizontal d'un mètre de largeur et de 60 à 80 centimètres de profondeur. A quatre mètres au-dessus on en ouvre un second de dimensions pareilles, et ainsi de suite de quatre en quatre mètres jusqu'au sommet. Ces fossés sont remplis de terre qu'on prend dans la vallée ou au sommet de la colline.

Dans chaque fossé on plante, à la distance de 1^m 20, deux chapons ensemble, de manière à ce qu'il y ait 80 chapons dans chaque fossé de 48 mètres de longueur.

Aussitôt que ces chapons ont produit des sarments suffisamment longs et forts, on les conduit en treille d'un fossé à l'autre. L'un des deux doit avoir 2 mètres de longueur et l'autre 4 mètres ; mais on supprime à celui-ci tous les bourgeons qui naissent sur les deux premiers mètres, pour ne conserver que ceux sortis sur les deux derniers. On comprend, en effet, qu'un cep qui produirait sur une longueur de quatre mètres serait bien vite épuisé, tandis que cela n'est pas à craindre pour des ceps ne portant des fruits que sur deux mètres de longueur. Néanmoins, il est essentiel, pour cette culture, de planter des cépages mi-fins et fins, qui sont plus robustes que les cépages grossiers.

Les ceps doivent être palissés sur fils de fer supportés par des barres de fer à T espacées à quatre mètres les unes des autres et solidement fixées dans le rocher.

L'étendue à travailler n'étant que du quart de la superficie totale, les façons y seraient beaucoup moins coûteuses que pour une vigne ordinaire.

Le rocher ferait l'office de caléfacteur et les raisins mûriraient parfaitement, sans qu'on ait à redouter la pourriture. Le vin qui en proviendrait serait donc aussi bon que le permettrait le cépage et le sol. On pourrait même facilement transformer le sol d'une vigne pareille dans le but d'obtenir du cépage choisi son maximum de qualité. Ainsi, si l'on plantait du Pineau, on pourrait modifier le terrain de manière à le rendre aussi semblable que possible à celui de la Romanée-Conti, dont voici la composition :

Oxide de fer......................	7,392
Alumine..........................	3,476
Magnésie	0,987
Silice soluble.....................	0,871
Acide phosphorique	0,257
Carbonate de chaux................	7,934
Matières organiques................	2,785
Sels alcalins	1,034
Résidu insoluble	75,264
	100,000

Exposition.

En général, les meilleures expositions sont celles de l'est, du sud-est et du sud. Après elles viennent les expositions du nord et du nord-est, puis enfin celles du nord-ouest, de l'ouest et du sud-ouest qui sont les plus mauvaises. Dans les contrées où les gelées printanières sont à craindre, les vignes plantées aux expositions du sud, du sud-est et de l'est, sont plus particulièrement atteintes que les autres, car elles n'ont pas le temps de se dégeler avant d'être frappées par le soleil.

L'exposition du nord ne paraît pas défavorable à la vigne si l'on en juge par les vignobles renommés plantés à cette exposition. Tels sont, en Champagne, ceux de Rilly, Mailly, Epernay et de la côte de Reims, ceux de plusieurs coteaux de Saumur, de Joué et de St-Avertin en Touraine. A cette exposition les vignes sont moins sujettes aux gelées du printemps, et elles reçoivent le vent du nord, que certains auteurs ont prétendu être le plus favorable à la vigne. Cette opinion avait été plus anciennement émise par Olivier de Serres, et, sous l'empire romain, par Columelle. Les vignerons de la Gironde semblent aussi partager ce sentiment sur l'influence favorable du vent du nord. Mais il importe de remarquer que le voisinage de la mer apporte beaucoup d'humidité aux vignes de cette contrée, humidité que le vent du nord dissipe.

Malgré que cette opinion soit étayée par d'aussi respectables autorités, je crois que le vent du nord est beaucoup moins favorable à la vigne que le vent du sud, qui, étant plus chaud, active davantage la végétation.

Ce n'est donc pas cette raison qui fait que, dans certains vignobles, l'exposition du nord est acceptée comme bonne. Dans le Midi cette exposition doit être bonne ; dans le Centre elle l'est également lorsque la déclivité du terrain ne dépasse pas 15 à 20 degrés ; le raisin y mûrit bien, et les vignes y sont moins atteintes par les gelées tardives que celles exposées au sud, au sud-est et à l'est ; mais dans le Nord ces dernières expositions sont préférables.

Température.

Les influences du cépage, du sol, de l'exposition et de la situation étant admises, il y en a une autre qui est incontestable, c'est celle de la température de l'année. Ainsi les années exceptionnélles pour la qualité du vin ont toutes été des années chaudes.

C'est surtout la température du mois des vendanges
qui paraît exercer la plus grande influence sur la
qualité du vin. En 1811, cette température a été
de 15 degrés centigrades et de 17 degrés en 1834.
Au contraire, dans les années médiocres 1833,
1835 et 1836, la température moyenne du mois des
vendanges n'a pas dépassé 11 à 12 degrés.

Limites de la culture de la vigne.

On ne cultive plus la vigne entre la mer et une
ligne qui, partant de l'embouchure de la Vilaine
et passant par Alençon et Beauvais, irait aboutir
à Mézières.

Une certaine partie de notre territoire, au nord
et au nord-ouest de la France, est donc située au-
delà de la limite que la vigne ne franchit plus.
Mais il est certain que jadis elle l'a franchie au
nord-ouest. En effet, une vie de St-Philibert fait
mention de vignes voisines de l'abbaye de Jumièges,
dont il était abbé. Richard II, duc de Normandie,
fit don au monastère de Fécamp du bourg d'Argen-
tan, renommé par ses bons vins. A Bouteilles, près
de Dieppe, il y a eu des vignobles; car, par les
détails du combat d'Aumale, on voit que Henri IV
eut 200 arquebusiers faits prisonniers parce que les
échalas de la plaine, près de Neufchâtel, avaient

retardé leur retraite. L'Angleterre même a eu des vignobles, et la dîme du vin y était autrefois assez considérable. Le nom de Wine-Yard, que portent certains lieux, l'atteste suffisamment.

Certains vignobles, surtout près de la limite actuelle de la vigne, perdent peu à peu de leur ancienne réputation et cessent ensuite d'être cultivés, parce que la mauvaise qualité de leurs produits en rend la vente difficile et peu rémunératrice. Cela tient à diverses causes.

La vigne étant originaire des contrées les plus chaudes du globe, il est certain que le climat du Midi lui est plus favorable que celui du Nord. Néanmoins un fait digne de remarque, c'est que les vignes situées au nord et à l'est de la France produisent autant en moyenne que celles de nos départements méridionaux. Mais, pour arriver à ce résultat, l'art doit suppléer à ce que la nature a refusé à ces contrées : un climat chaud. Ce n'est donc que par des soins constants et bien entendus, ainsi que par une culture et une taille irréprochables que les vignerons du Nord et de l'Est peuvent obtenir de la vigne de bons et abondants produits.

La rareté de la main-d'œuvre et la grande augmentation des salaires sont aussi une des causes de la suppression des vignobles des contrées les moins favorisées sous le rapport du climat; mais il y en a une autre plus décisive.

On sait que les vents qui ont parcouru une grande étendue de mer exercent une influence marquée sur la température. En effet, partout où leur action se fait sentir, les étés sont moins chauds et l'atmosphère est chargée de plus d'humidité que dans les autres contrées situées sous la même latitude, mais plus éloignées de la mer. Aussi, tant que d'épaisses forêts, couvrant les côtes, empêchèrent que les vents de mer n'exerçassent leur influence sur les contrées placées en deça, la température propre à leur latitude permit aux raisins d'atteindre une maturité suffisante. Mais cette barrière infranchissable ayant peu à peu disparu, la température des étés s'abaissa sensiblement, l'air devint plus humide, et la vigne ne put plus y mûrir ses fruits, ce qui en fit abandonner la culture. Et, si la hache continue son œuvre destructrice, rien n'opposant plus une digue aux vents de mer, les vignobles qui existent encore vers la limite actuelle de la vigne disparaîtront tôt ou tard.

CÉPAGES

C'est la nature du plant qui a la plus grande influence sur la qualité du vin d'un vignoble. On n'a rien de bon à attendre d'un mauvais plant, même dans les conditions les plus favorables.

LENOIR.

Trouver les meilleurs cépages, qui profitent le mieux d'un sol et d'un climat, tel est le grand problème à résoudre par les différents crûs.

Jules GUYOT.

Le choix d'un cépage est une des choses les plus importantes en viticulture. Certains cépages affectionnent les terrains granitiques ou schisteux ; d'autres préfèrent les sols calcaires ; d'autres encore s'accommodent mieux des terrains argileux, pourvu qu'ils soient suffisamment perméables à l'eau. Il est donc nécessaire d'approprier le cépage au sol et au climat afin d'en tirer le meilleur parti possible, soit sous le rapport de la quantité, soit sous celui de la qualité du vin.

Choix et influence du Cépage.

Autrefois, on attribuait généralement au sol, au climat et à l'exposition, une action prépondérante sur la qualité du vin. Beaucoup de vignerons sont encore persuadés que le cépage n'exerce qu'une très-légère influence sur cette qualité. Cette erreur est une des principales causes du peu d'extension des cépages fins; les vignerons les délaissent parce qu'ils n'ont pas confiance en leurs qualités et parce qu'ils en ont une trop grande dans l'influence du sol. Cependant le cépage domine incontestablement le crû. C'est une vérité que tous les auteurs anciens ou modernes, depuis Caton et Columelle jusqu'au docteur Guyot, ont affirmé en plaçant en première ligne l'influence du cépage, influence que la pratique confirme chaque jour.

L'influence prépondérante du cépage n'est pas niable, car la vigne, comme tous les autres végétaux, a ses espèces et ses variétés, lesquelles ont des caractères particuliers qui ne permettent pas de les confondre entre elles, quels que soient d'ailleurs le sol, l'exposition et le climat. Il est certain cependant que le terrain, l'exposition et le climat ont une influence marquée sur les cépages; mais cette influence ne peut jamais aller jusqu'à faire que, dans les mêmes conditions, les cépages grossiers produisent d'aussi bon vin que les cépages fins. La Bourgogne offre une preuve palpable de ce fait : les vignes complantées de Pineaux touchent celles complantées de Gamays ; les premières donnent des vins qui se vendent depuis cent jusqu'à six cents francs l'hectolitre, tandis que les vins de Gamay se vendent vingt-cinq francs en moyenne.

La nature du cépage conserve partout sa puissance. Ainsi, si dans le fameux vignoble de Château-Margaux on substituait l'Aramon ou le Foirard au Cabernet-Sauvignon, on y récolterait du vin qui se vendrait à un prix vingt fois inférieur à celui auquel on se dispute les produits de ce vignoble renommé.

Quelles peuvent être les modifications que subit chaque cépage transporté d'un sol dans un sol différent ? Quel est le sol qui convient le mieux à tel ou tel cépage ?

Ce sont là deux questions qui ne sont pas encore résolues d'une manière bien positive, mais sur lesquelles l'attention de nos ampélographes a été appelée, et il y a lieu de croire qu'ils ne tarderont pas à les résoudre. Une parfaite synonymie des cépages et l'analyse exacte des terrains dans lesquels chaque cépage donne les meilleurs produits ferait faire un pas immense à la solution de ces importantes questions.

Quoiqu'il en soit, on voit déjà qu'en Bourgogne les Pineaux produisent leur meilleur vin dans les terrains calcaires. La Sirrah de l'Hermitage veut un sol granitique pour donner toute leur perfection à ses excellents vins. Le Cabernet-Sauvignon du Médoc exige un sol sablo-argileux léger, mélangé de graviers et de cailloux roulés, pour que ses vins acquièrent toute leur finesse et leur saveur. Mais, ce qu'il y a de particulier, c'est que, dans ces crûs, comme dans tous ceux de quelque renom, l'oxide de fer se trouve en si grande proportion dans le sol, qu'il paraît impossible d'obtenir des vins distingués dans un terrain qui en serait dépourvu.

Quelques auteurs, et notamment Lenoir, pensent que les cépages tirés des vignobles voisins, et progagés par boutures enracinées ou non, tendent à dégénérer ; aussi conseillent-ils d'aller chercher les plants dans un vignoble éloigné.

Je ne saurais assez m'élever contre une pareille opinion, qui n'a en sa faveur aucune raison plausible. En effet, ne voit-on pas la Bourgogne perpétuer dans ses meilleurs vignobles, le Pineau dont chaque propriétaire prend les boutures dans ses vignes mêmes, ou, à défaut, chez son voisin ? Dans le Médoc, on n'abandonne pas le Cabernet-Sauvignon ; à l'Hermitage, on cultive exclusivement la Sirrah; dans le vignoble de Côte-Rôtie, on conserve précieusement la Serine. Or, comme il n'y a pas d'autres vignobles qui cultivent ces divers cépages sur une grande échelle, il faut nécessairement que les vignerons prennent leurs boutures chez eux ou chez leurs voisins. Le Beaujolais plante toujours le Gamay Picard et le Gamay Nicolas, et il les demande à ses vigno-

bles. Il ne paraît pas cependant que les vins de Clos-
Vougeot, de Château-Margaux, de l'Hermitage, de
Côte-Rôtie et des Thorins, aient perdu peu ou beaucoup des excellentes qualités qu'on leur a toujours
reconnues. L'essentiel est de s'assurer de la parfaite
identité du cépage qu'on veut planter et de l'obtenir
pur de tout mélange.

Ce qui a pu donner lieu à cette croyance, c'est
que tel cépage, la Sirrah, par exemple, qui donne
son meilleur vin dans les sols granitiques de
l'Hermitage, produira un vin beaucoup moins distingué dans un sol différent. Mais ce n'est pas le cépage
qui a dégénéré, c'est le sol qui ne lui fournit pas les
éléments nécessaires à la perfection de ses produits.

Il y a de graves inconvénients à tirer des plants du
Midi pour les transporter dans le Nord. Au contraire,
il convient de choisir des cépages d'un climat moins
chaud que celui où ils doivent être plantés. En
agissant ainsi, les vignerons y trouvent un grand
avantage : dans leur nouvelle patrie, le développement de ces cépages sera plus tardif que celui des
espèces locales, et ils seront, par conséquent, moins
sujets aux intempéries ; en outre, leur maturité sera
plus hâtive et plus parfaite.

Cet avantage n'est pas assez apprécié ; les
vignerons ne doivent jamais oublier que, pour
obtenir du vin coloré et de bonne qualité, il faut
absolument que la maturité du raisin soit complète.

Les cépages du Midi transportés dans le Nord
poussent plus tôt, sont plus exposés aux gelées

printanières et la maturité de leurs raisins est plus tardive.

Il y a un autre moyen de se procurer des cépages à développement tardif, ou à maturité précoce et jouissant souvent de ces deux avantages : c'est la sélection.

Tous les vignerons un peu observateurs ont dû remarquer, dans leurs vignes, des ceps qui bourgeonnent plus tard que les autres, comme aussi ils ont dû en voir dont la maturité est plus hâtive. Ces ceps forment autant de variétés des espèces auxquelles ils appartiennent ; il y a donc intérêt à les marquer, afin d'en recueillir les sarments au moment de la taille, et à les planter séparément pour pouvoir s'assurer plus tard si les qualités qui les distinguent sont constantes. S'il en est ainsi, on ne saurait trop les propager.

Du mélange ou de la séparation des cépages.

Le mélange de plusieurs cépages dans une même vigne a ses apologistes et ses détracteurs. Les premiers pensent qu'un des plus puissants moyens d'améliorer les vins est un mélange judicieux des meilleurs cépages susceptibles de s'accommoder du climat et du sol du vignoble à planter. Les seconds soutiennent que le mélange de plusieurs cépages dans la même vigne présente d'assez graves inconvénients. En premier lieu, la maturité de cépages différents

arrive rarement à la même époque. L'un a ses raisins
mûrs, quand ceux de l'autre exigeraient encore
quelques jours pour pouvoir être cueillis. Certaines
espèces étant beaucoup plus vigoureuses que d'autres,
affameraient celles-ci et finiraient par les tuer. Enfin
le même sol, la même taille, les mêmes espaces ne
conviennent pas à tous les cépages indistinctement ;
les réunir dans une même vigne, c'est se priver des
avantages que chacun d'eux peut présenter.

Il est donc prudent de ne pas planter plusieurs
cépages pêle-mêle dans la même vigne, et je crois
qu'il y a tout avantage à les planter séparément. Si
la maturité des fruits de ces cépages est simultanée,
rien n'empêche de faire le mélange de leurs raisins
à la cuve. Dans le cas contraire, on vendange chaque
espèce lorsque ses fruits ont atteint leur maturité,
sauf à mélanger les vins au tonneau, avant que la
fermentation insensible soit terminée. La combinai-
son sera aussi parfaite que si les raisins avaient cuvé
ensemble, et le vin aura plus de qualité et de couleur,
car la maturité des raisins de chaque cépage aura
été complète.

Nomenclature des cépages les plus généralement cultivés dans le centre de la France.

Je commence par les Gamays, qui sont les cépages
les plus répandus dans la région du Centre.

La tribu des Gamays compte un assez grand nombre de variétés, qui toutes se rapprochent plus ou moins de l'ancien cépage type du Beaujolais : le petit Gamay. Ces cépages sont probablement originaires du bourg de Gamay, en Bourgogne. Aussi les vignerons du Beaujolais appellent-ils le petit Gamay bourguignon noir.

Aujourd'hui, le petit Gamay n'est presque plus cultivé ; ce plant a été amélioré par plusieurs vignerons du Beaujolais, et chacune de ses variétés a pris le nom de son propagateur.

La plus ancienne de ces variétés date des premières années de ce siècle ; elle est due à M. Labronde, grand propriétaire, à Pommiers, près de Villefranche. Il y avait au pied du mur de son habitation une treille dont les raisins ne coulaient jamais et qui donnaient chaque année des récoltes magnifiques. Cette grande et constante fertilité appela l'attention de cet intelligent vigneron, qui propagea, le plus possible cette bonne variété. Au bout d'un certain nombre d'années il en avait couvert plusieurs hectares. Peu à peu ce plant s'est ensuite répandu dans tout le Beaujolais. On le nomme Gamay de là Bronde, ou encore Gamay des Gamays.

Une autre excellente variété fut découverte en 1820, de la même manière, par un vigneron du nom de Picard. Le Gamay Picard, aujourd'hui le plus répandu dans le Beaujolais, est d'une très-grande fertilité ; mais, il s'épuise assez vite, s'il n'est soutenu par d'abondants engrais.

M. Pulliat, ampélographe distingué, divise les Gamays en deux groupes. Le premier, à *constitution fructifère*, comprend le Gamay de la Bronde et le Gamay Picard ; le second, à *constitution ligneuse*, dans lequel il place tous les autres.

Après ces deux Gamays, vient immédiatement le Gamay Nicolas, obtenu par un vigneron de ce nom, habitant le bourg de Blacé ; on le nomme aussi Plant de la Treille.

On cultive encore, en Beaujolais, un assez grand nombre de Gamays qu'il serait trop long d'énumérer et dont le lecteur trouvera les noms dans la petite Ampélographie qui termine cet ouvrage.

En Bourgogne, on cultive avec succès les Gamays Malin, d'Arcenant, de Bévy et d'Evelles, qui tous paraissent donner de plantureux produits. Malgré les qualités de ces derniers Gamays, je crois devoir recommander les Gamays Picard et de la Bronde aux vignerons soigneux qui peuvent disposer d'une grande quantité d'engrais dont ces deux plants sont très-avides, mais qu'ils payent généreusement par l'abondance de leurs produits.

Aux vignerons qui ont peu de fumier à déposer dans leurs vignes, je conseille surtout le Gamay Nicolas, jouissant d'une plus robuste constitution que le Picard et le la Bronde et dont la fertilité est presque égale.

Quelques soins que l'on donne aux deux Gamays à constitution fructifère, il est rare qu'après trente ans ils donnent des produits rémunérateurs. Aussi,

M. le vicomte de Saint-Trivier, dans son mémoire aux membres du jury chargé de décerner, en 1869, la prime d'honneur au concours régional du Rhône, déclare-t-il que ses vignes sont replantées tous les vingt-sept ans.

Au contraire, le Gamay Nicolas peut, s'il est bien entretenu, et s'il est convenablement fumé ou terré vivre plus longtemps et donner d'abondantes récoltes.

Le Gamay de Saint-Romain, originaire d'une commune de ce nom, près de Roanne, a beaucoup de points de ressemblance avec le Gamay Nicolas, et il est, je crois, aussi fertile.

Parmi les Gamays cultivés en Bourgogne, et dont 'ai indiqué les noms, le Gamay d'Arcenant est le plus productif; mais ses raisins sont tellement serrés, qu'ils ne mûrissent jamais bien, produisent un vin inférieur et manquant presque toujours de couleur.

Ce Gamay est probablement le même que le Gamay de Saint-Galmier, ou plant des Trois-Ceps, qui a beaucoup d'analogie avec le Gamay d'Arcenant.

Le Gamay de Bévy ne donne jamais des récoltes de 150 à 200 hectolitres à l'hectare, comme cela arrive parfois au Gamay d'Arcenant; mais sa production étant plus régulière, je crois qu'elle égalerait celle de l'Arcenant sur une moyenne de quelques années.

On dit beaucoup de bien, comme qualité et quantité, du Gamay d'Evelles; j'en ai planté environ 6,000 boutures, il y a deux ans; mais ne l'ayant pas

encore vu fructifier, j'ignore s'il est aussi fertile qu'on
le dit.

Je tiens à mentionner le Gamay Ovolat du nom
d'un vigneron du village de Tancon, près de Char-
lieu (Loire), qui l'a obtenue de sélection. Ce Gamay
assez vigoureux dans sa jeunesse, s'épuise vite s'il
n'est soutenu par d'abondantes fumures, défaut
commun à l'Arcenant et au Gamay de St-Galmier.
Le Gamay Ovolat est très-fertile ; ses raisins sont
gros, à grains superposés, mûrissant tardivement.
Aussi son vin manque-t-il de couleur. La pellicule
des grains est mince, ce qui doit les rendre sujets à la
pourriture dans les années humides. Tous ces
caractères ont tant de points de ressemblance avec
ceux de l'Arcenant et du Gamay de Saint-Galmier,
que je les crois identiques.

Il me reste à parler d'un intéressant Gamay que
j'ai le premier introduit dans l'arrondissement de
Roanne et que j'ai tiré de la Bourgogne. C'est le
Gamay rouge de Bouze ou Gamay-Teinturier. Ce
plant doit être rangé dans la catégorie des Gamays à
constitution fructifère. Il est très-fertile, mais il est
moins vigoureux que les Gamays Nicolas et de Saint-
Romain ; il lui faut un sol riche, ou d'abondants
engrais s'il est planté en terrain léger. Ce Gamay se
distingue de ses congénères en ce que le jus de ses
raisins est d'un rose plus ou moins vif. Je dis plus
ou moins vif, car j'en ai deux variétés, dont l'une, la
plus foncée en couleur, est préférable à l'autre, soit
comme production, soit comme intensité de couleur.

On prétend que le Gamay-Teinturier donne du vin inférieur à celui des petits Gamays et que sa couleur ne se maintient pas longtemps. N'ayant pas fait cuver ce cépage séparément, je ne puis rien dire de la qualité de son vin ; mais, je tiens, d'une personne digne de foi, qu'après deux ans, le vin de Gamay-Teinturier a encore une très-riche couleur.

Il est juste de réhabiliter les Gamays et de les relever de l'anathème dont les frappèrent aveuglément les princes de la maison de Bourgogne qui s'intitulaient : *Seigneurs des meilleurs vins de la chrétienté.* La fameuse ordonnance de Philippe-le-Bon défendait « de planter vignes d'un très mauvais et déloyault plant nommé Gamez, de porter fiens de vache, brébis, chevaulx et aultres bestes emmy les vignes de bon plant. »

Les Gamays sont des cépages précieux, possédant de grandes qualités qui doivent les faire rechercher par tous les viticulteurs ; ils sont très-fertiles, moins sujets que les autres cépages aux intempéries; et, selon les terrains, ils fournissent, depuis les vins médiocres, jusqu'aux excellents vins d'entremet de Fleurie, de Moulin-à-Vent, de Morgon et des Thorins.

Le Mornin noir, très-répandu dans le Lyonnais et cultivé dans quelques vignobles de la Loire, n'est autre que le Chasselas noir. Il a en effet tous les caractères botaniques du Chasselas doré de Fontainebleau; mais les feuilles naissantes sont d'une couleur grenat beaucoup plus foncée. Dans la Loire on le nomme

Mornérin noir. La commission ampélographique du Rhône lui a conservé le nom de Mornin noir, sous lequel il est connu dans le Lyonnais ; mais il me semble qu'il eût été préférable de lui donner le nom de Chasselas noir.

Si je ne me trompe, le rôle d'une commission ampélographique consiste à adopter, pour chaque cépage, une dénomination unique, et à indiquer ensuite sous quels noms différents chaque cépage est connu dans les divers vignobles ; et, au lieu d'étendre la synonimie, elle doit la condenser autant que possible et adopter la dénomination la plus rationnelle, c'est-à-dire celle de la tribu à laquelle appartient chaque cépage. La commission ampélographique du Rhône, en adoptant le nom de Mornin Noir me paraît s'être écartée de ce rôle. En effet, il n'y a point de tribu de Mornins et il y en a une très nombreuse de Chasselas. Or, à moins de faire disparaître ce dernier nom comme étant celui de cette famille, il faut nécessairement l'adopter pour le Mornin noir, puisque l'excellent ampélographe M. Pulliat reconnaît, avec raison, dans le Mornin noir, tous les caractères botaniques du Chasselas doré de Fontainebleau.

Il est vrai qu'à l'appui de sa décision, la commission ampélographique dit que ce cépage est surtout cultivé dans le canton de Mornant (Rhône), et que c'est du nom de cette commune qu'est venu, par corruption, le nom de Mornin ; mais elle a probablement oublié qu'il y a, en Bourgogne, une commune portant le nom de Chasselas.

Le Mornin noir est un cépage vigoureux, fertile, préférant les sols siliceux ou granitiques dans lesquels il dure indéfiniment. Son vin est d'une belle couleur; mais comme il contient peu d'alcool, il ne se conserve pas, à moins qu'on le mélange à la cuve avec des cépages riches en matière sucrée.

On le taille ordinairement à coursons; mais il est assez vigoureux pour supporter la taille longue.

Dans la Savoie, dans l'Isère et dans l'Ain, on cultive un cépage d'une grande production et dont le vin a beaucoup de couleur; c'est la Persagne, qui prend aussi, selon les diverses localités où elle est cultivée, les noms de Mondeuse, Mandouse, Chétouan, Meximieux, etc...

Ce cépage, qui résiste assez bien aux intempérées, a le défaut de mûrir un peu tard (huit ou dix jours après les Gamays); il lui faut un terrain très perméable à l'air et à l'eau et une bonne exposition pour que ses raisins arrivent à une complète maturité.

Il y a deux variétés de Mondeuse, la grosse et la petite. La petite Mondeuse est sujette à la coulure; mais son vin est bien préférable à celui de la grosse. Il a même de la qualité lorsqu'il provient de vignes plantées dans un terrain calcaire; aussi M. Jules Guyot l'a-t-il baptisé du nom de petit Médoc.

J'ai eu l'honneur de rendre visite à M. Fleury Lacoste, président de la Société d'agriculture de la Savoie, et d'examiner son beau vignoble de Gruet-le-Colombier. J'y ai goûté son vin de petite Mondeuse ayant quatre ans de bouteille, et je me plais à confir-

mer la bonne opinion émise à son endroit par le
docteur Guyot.

J'ai environ 4000 mètres complantés en Romain,
cépage que j'ai tiré de l'Yonne et dont l'analogie avec
la Persagne est si grande, que je les croyais identiques ; mais la Commission ampélographique du comité
de viticulture du Rhône en a fait deux espèces dis-
tinctes.

Le Damas noir, spécialement cultivé en Auvergne,
est rustique, vigoureux. Planté en terre légère, il est
d'une bonne fertilité et produit un bon vin ordinaire,
coloré, corsé et d'une longue conservation ; mais il
est d'une maturité un peu tardive.

Les Cots sont des cépages très-répandus, mais plus
spécialement dans le Lot, la Gironde, la Dordogne,
le Tarn, le Tarn-et-Garonne, l'Indre-et-Loire, le Cher,
et le Loir-et-Cher. Dans la Gironde, ces cépages sont
surtout cultivés dans les arrondissements de Blaye et
de Libourne. Dans le Lot, ils produisent les vins noirs
et corsés de Cahors, qui, comme ceux du Cher, provenant des mêmes cépages, sont très-recherchés pour
les coupages, même à Bordeaux.

Il y a deux principales variétés de Cot, le Cot à
queue rouge et le Cot à queue verte, et chacun a des
sous-variétés.

Les Cots prennent, selon les localités où ils sont
cultivés, les noms de Cahors, Cauly, Jacobin, Auxerrois, Pied-rouge, Pied-de-Perdrix, Pied-Noir,
Noir de Pressac, Estrancey, Quercy, Malbec, etc....

Le vrai Cot rouge est tellement sujet à la coulure,

qu'on en a à peu près abandonné la culture. Le plus répandu est le Cot à queue verte, qui, lui aussi, est bien un peu sujet à la coulure, surtout dans les terrains maigres, s'il n'est pas abondamment fumé ; mais, malgré ce défaut, il est très-fertile.

Le *Gros pied rouge merillé*, que j'ai planté sur une étendue de plus d'un hectare, est une très-bonne variété du Cot à queue verte. Ces deux cépages se ressemblent tellement, qu'ils me paraissent identiques. Ils produisent en assez grande abondance de beaux raisins à grains plus que moyens, bien espacés et mûrissant en même temps que les Gamays. Leur vin est beaucoup plus corsé et coloré que celui des Gamays.

Le Malbec est une variété de Cot à queue rouge. Moins sujet à la coulure que le type, il l'est plus que le Cot à queue verte, mais il est plus productif. Ses raisins, d'une grande beauté, atteignent souvent une longueur de 25 à 30 centimètres. Son vin est moins coloré que celui du Cot à queue verte.

Les Cots, taillés à coursons, donnent d'assez bonnes récoltes ; mais pour arriver à un grand rendement, il est nécessaire de les soumettre à la taille longue.

En résumé, les Cots sont d'excellents cépages, très-vigoureux et fertiles, qui mériteraient une plus large place dans les vignobles du Centre, et qui dispenseraient d'avoir recours aux espèces que l'on cultive spécialement pour augmenter la couleur des vins.

Toutefois ils sont beaucoup plus sensibles que les Gamays aux gelées d'hiver et de printemps.

Dans le Jura on cultive plusieurs cépages que je possède ; mais ils sont peu répandus dans les autres vignobles.

Le Poulsard est très-productif quand il ne coule pas, ce qui lui arrive souvent. Il donne un vin de qualité, mais très-faiblement coloré. Dans son pays d'origine, on mêle ses raisins avec ceux du Savagnin pour faire les excellents vins de Château-Châlons et les vins mousseux d'Arbois.

Le Baclan ou Béclan donne un bon vin, d'une belle couleur, lorsque ses raisins arrivent à une complète maturité, ce qui est rare, du moins dans mon terrain argileux. Il est d'une fertilité moyenne.

Le Trousseau, qui est un des plants les plus vigoureux que je connaisse, produit abondamment un très-bon vin, corsé, d'une belle robe et se conservant longtemps. Il peuple exclusivement le vignoble renommé des Arsures. On prétend que le roi Louis XVIII buvait le vin de ce vignoble de préférence à tout autre. Malheureusement ses raisins sont très-sujets à la pourriture dans les terrains argileux. Il est probable qu'ils y résisteraient mieux en terrain léger.

Je passe sous silence l'Enfariné, qui n'a d'autre mérite que d'être très-tannifère, mais dont le vin a une âpreté telle qu'on le mélange seulement dans une faible proportion avec celui des autres cépages, afin d'en assurer la conservation.

Le Foirard ou Maldoux est très-productif ; la maturité de ses raisins est tardive et son vin manque autant de couleur que de qualité.

Le plant par excellence du Jura est le Savagnin vert ou Naturé. C'est ce cépage qui, seul ou mélangé avec une petite quantité de Poulsard, donne les vins si renommés de Château-Châlons que l'on désigne sous le nom de *Vins de garde*. C'est encore le Naturé, appelé Grün Traminer sur les bords du Rhin, qui produit les vins mousseux d'Arbois. Ces vins, lorsqu'ils sont bien réussis, peuvent rivaliser avec la plupart des vins de Champagne.

Dans les vignobles des bords du Rhin, le Savagnin vert donne d'excellents vins. En Alsace, on fait, avec ce cépage, des vins de paille exquis.

Taillé à longs bois, le Naturé est très-fertile; le seul défaut que je lui ai reconnu est d'être un pêu sujet aux atteintes de l'oïdium; mais ces atteintes sont si légères que, même dans les années où il a été le plus frappé, il n'a pas perdu un dixième de ses fruits.

J'ai un cépage venant de l'Isère et que l'on dit très-productif; c'est l'Etraire-de-la-Dhuy. Chez moi il commence à se mettre à fruits, et, à en juger par le peu que j'ai vu, je crois qu'il justifiera la bonne réputation dont il jouit dans son lieu d'origine sous le rapport de la fertilité.

Malheureusement ses raisins mûrissent dix ou douze jours après les Gamays; aussi y ai-je renoncé.

J'arrive maintenant aux cépages qui, mélangés dans une certaine proportion avec des cépages grossiers, augmenteraient considérablement la qualité du vin de derncse.isre

Parlons d'abord des Pineaux, qui font l'honneur de la Bourgogne et de la Champagne.

Le plus estimé et le type de cette famille est le Pineau franc ou Noirien, appelé encore Plant noble, Auvernat noir, Savagnin noir, Schwartz Klewner en Alsace, et Czerna Okrugla Ranka en Hongrie. C'est lui qui produit les délicieux vins de Volnay, Pommard, Chambertin, Corton, la Romanée-Conti, Clos Vougeot, etc.

Contrairement à ce qu'en dit le comte Odart, dans son *Ampélographie universelle*, le Pineau franc est un cépage robuste et vigoureux. J'ignore sur quoi il a fondé son appréciation, mais je puis affirmer que chez moi, ce cépage a une végétation luxuriante. Il est vrai que je le taille à longs bois, tandis que, le comte Odart le taillait probablement comme en Bourgogne, et ne lui laissait qu'un courson à 2 ou 3 yeux, ce qui nuit singulièrement à la vigueur et à la production de ce plant à grandes allures. Cela est si vrai qu'en Bourgogne, le produit moyen du Pineau franc est seulement de quatorze hectolitres à l'hectare. Il est juste de dire que cette faible production est compensée par l'excellente qualité du vin. Mais, pour tous les vignerons qui, n'ayant ni le terrain, ni le climat de la Bourgogne, ne peuvent espérer obtenir des vins d'une grande finesse et veulent cependant améliorer leurs produits, je n'hésite pas à affirmer que les Pineaux taillés à longs bois peuvent donner 30 à 40 hectolitres par hectare d'un vin qui, mêlé avec celui des cépages grossiers, en augmenterait considérablement la qualité.

Le seul défaut du Pineau franc est d'être sujet à la coulure.

Les Pineaux sont des cépages très-fertiles lorsqu'ils sont soumis à la taille longue, et si leurs raisins étaient aussi gros que ceux des Gamays, leur rendement atteindrait 70 à 80 hectolitres.

Le Pineau de Pernand est plus fertile et moins sujet à la coulure que le Pineau franc ; son vin est moins fin, mais plus corsé ; taillé à coursons, son rendement est bien supérieur à celui du type.

Je cultive aussi le Pineau gris ou Beurot, aussi fertile que le Pineau de Pernand et dont les raisins contiennent plus de matière sucrée. Le comte Odart faisait, avec les raisins du Beurot, des vins de liqueur délicieux.

Enfin j'ai quelques lignes de Pineau blanc ou Chardonay, auquel on doit les fameux vins blancs de Meursault et de Moutrachet. Dans mon terrain argileux, ses raisins sont parfois sujets à l'avortement que l'on appelle *millerandage* en Bourgogne et ailleurs *milletage*, ce qui signifie que les grains du raisin ne sont guère plus gros que ceux de millet.

Le mélange à la cuve d'une faible proportion de raisins de Pineau avec ceux de Gamay donne au vin de la finesse, un excellent bouquet et une saveur qui manquent à nos vins.

Je ne saurais donc trop recommander la culture des Pineaux noirs, et même des Pineaux gris et blancs, dans le but d'améliorer les vins ordinaires, et sans avoir à craindre que l'intensité de la couleur en soit diminuée. En effet, les raisins de ces deux dernières espèces de Pineau sont très-riches en sucre et conséquemment en alcool, une fois la fermentation accomplie. Or, comme l'alcool a la propriété de dissoudre la matière colorante contenue dans la pellicule des raisins, il en résulte que plus il se forme d'alcool dans le moût, plus est considérable la quantité de matière colorante abandonnée par les pellicules des raisins noirs.

C'est dans les terrains légers et surtout dans les terrains calcaires qu'il faut planter les Pineaux pour en obtenir les meilleurs produits.

En Bourgogne on fait avec environ un quart de Pineau et trois-quarts de Gamay un vin qui, sous le nom de *passe-tout-grain,* est très-recherché pour les tables bourgeoises et se vend au moins le double de celui de Gamay.

Voici ce que M. Victor Rendu dit de ces vins dans son *Ampélographie française:* « Les passe-tout-grain, bien qu'au dernier degré de la classification des vins de haute qualité, ont aussi leur mérite; on sait qu'ils proviennent de l'association du Noirien (Pineau franc) avec le Gamay. Ce vin se recommande par une belle couleur, de la générosité, beaucoup de corps, et un bouquet *sui generis* fort apprécié des connaisseurs; mais il manque de finesse; sa tenue est très-bonne, et il finit d'autant mieux qu'il est moins sujet aux maladies que les vins fins de Bourgogne. »

Un cépage très-propre à améliorer les vins ordinaires est la Sirrah de l'hermitage, dont le nom a dû
être primitivement Schiraz, du fameux vignoble de
Perse dont les vins jouissent d'une grande réputation
en Orient.

Il serait superflu de faire l'éloge de ce plant, dont
le vin est un des meilleurs de France. Il unit à une
belle couleur beaucoup de corps, un bouquet délicieux
et une saveur parfaite. Malheureusement la Sirrah a
une maturité tardive et qui, dans notre région, ne
peut bien se compléter qu'en terrain léger et à une
bonne exposition.

Une partie des vins de l'Hermitage se vend dans
la Gironde pour couper les vins de Bordeaux et leur
donner du corps. Quelques viticulteurs bordelais,
afin de s'affranchir du tribut qu'ils payaient à leurs
confrères de l'Hermitage, ont planté la Sirrah dans
leurs vignobles et mélangent ses raisins à la cuve
avec ceux du Cabernet, le plant par excellence du
Médoc.

La Serine ou Candive, qui fait le fond du vignoble
de Côte-Rôtie, a les mêmes qualités et les mêmes
défauts que la Sirrah, avec laquelle elle a tant d'analogie, que plusieurs ampélographes n'en font qu'un
seul et même cépage. La Commission ampélographique du Rhône a conclu de même.

Le Teinturier gros-noir-mâle, que M. Pulliat place
dans la tribu des Pineaux, est un plant facile à
reconnaître à ses feuilles d'un rouge foncé tirant sur
le noir.

Son vin, extrêmement coloré, est très-médiocre ; mais la grande quantité de tanin qu'il contient contribue à assurer la conservation, en même temps qu'il augmente la couleur des vins avec lesquels on le mélange.

Le Corbeau ou Picot rouge donne aussi un vin très-coloré ; mais, au contraire de celui du teinturier, il est mou et ne se conserverait pas si l'on ne le mélangeait avec un vin plus ferme et plus alcoolique.

La couleur intense du vin de Teinturier provient du jus du raisin d'un rouge très-foncé, tandis que celle du vin de Corbeau lui est donnée par la pellicule épaisse de son raisin, qui contient une matière colorante d'une grande puissance.

Les raisins du Corbeau sont gros, longs, à grains moyens serrés et d'une maturité un peu tardive, mais qui, néanmoins, s'accomplit presque toujours bien.

Le Teinturier produit peu lorsqu'il est taillé à coursons ; il lui faut la taille longue. Le Corbeau est toujours fertile, quelle que soit la taille à laquelle on le soumette.

Ces deux cépages sont plus sensibles à la gelée que les Gamays.

Eu égard à la mauvaise qualité et à la faiblesse alcoolique du vin de Corbeau, il ne faut faire entrer ce plant que dans la proportion d'un cinquième ou un sixième avec d'autres cépages.

La couleur des vins de ce plant est superbe, d'un rouge brillant, tandis que celle du vin de Teinturier est d'un rouge noir terne.

Je ne veux pas terminer ce chapitre sans parler de deux cépages que je cultive et qui sont remarquables par l'abondance et la régularité de leur production.

Le premier, que j'ai reçu de la Moselle, sous le nom de Tokai, ne répond guère à la description que le comte Odart fait du Grauër-Tokayer. J'ai cru d'abord que c'était le Chasselas rose; mais au lieu de rester roses, ses raisins deviennent violets à leur maturité. Ce n'est pas non plus le Chasselas violet dont les sarments, pendant la végétation, sont d'un rouge cramoisi foncé et dont les raisins prennent, dès leur formation, une couleur bronzée tirant sur le rouge. Après bien des recherches, j'ai reconnu que c'était le Chasselas de Négrepont, décrit par le comte Odart.

Taillé à longs bois, ce plant produit en grande quantité des raisins superbes et mûrissant bien. Son seul défaut est de produire un vin peu alcoolique; mais, en revanche ses raisins, excellents pour la table, se conservent bien.

Le Fendant-Roux, qu'un de mes amis du canton de Vaud (Suisse) m'a envoyé, est un cépage à raisins blancs assez semblables à ceux du Chasselas de Fontainebleau, mais à grains plus serrés et d'un moins bon goût. Ce plant est d'une fertilité exceptionnelle, et il n'est pas rare de voir des sarments porter quatre superbes grappes. Ce cépage peut facilement produire de cent à cent cinquante hectolitres par hectare. En Suisse, on en tire du vin blanc de qualité moyenne.

Qu'il me soit permis de dire ici que le Fendant roux de Suisse ne me parait pas être le même cépage que le Chasselas doré de Fontainebleau, ainsi que le prétend le *Cultivateur de la région lyonnaise*, dans son numéro du 1ᵉʳ février 1875. Le Fendant roux fait certainement partie de la tribu des Chasselas, mais il diffère du Chasselas de Fontainebleau par des caractères qui ne permettent pas de les confondre. Ainsi, le Fendant roux est beaucoup plus fructifère puisque, comme je viens de le dire, on voit d'assez nombreux sarments munis de quatre superbes grappes, ce que je n'ai jamais remarqué sur mes Chasselas dorés de Fontainebleau. Ses raisins sont plus serrés, à pellicules plus minces, plus sujets à pourrir et ils ont, au moment où ils apparaissent, un aspect et une forme bien differents de ceux du Chasselas doré de Fontainebleau.

Malgré les éloges que je viens de donner à la plupart des cépages compris dans cette nomenclature, je conseille aux vignerons, désireux d'essayer des plants étrangers à leur vignoble, de faire ces essais sur un petit espace. Je me repens tous les jours d'avoir agi autrement, et je veux au moins prémunir mes confrères en viticulture contre les dépenses et la perte de temps qui résulteraient pour eux d'essais, sur une grande échelle, de cépages qui ne s'accomoderaient pas de leur terrain ou de leur climat.

Il est certain que nos ancêtres ont essayé plusieurs plants avant d'arrêter leur choix sur ceux cultivés dans chaque vignoble ; car on ne peut supposer qu'ils

aient eu la main assez heureuse pour tomber en premier lieu et tout d'abord sur ceux qui devaient leur
donner les meilleurs résultats. C'est par suite d'une
expérience, trop chèrement acquise, que je me permets de donner ce sage conseil aux vignerons, et je
les engage à le suivre.

Préparation du terrain pour la plantation de la vigne

Si le terrain sur lequel on veut asseoir une vigne
retient l'humidité et que le sous-sol ne soit pas suffisamment perméable, il est nécessaire de le drainer
préalablement à la plantation ; car la vigne redoute
pardessus tout l'humidité surabondante du sol, qui
fait pourrir ses racines ; sa durée en est singulièrement abrégée, les produits sont peu abondants et de
médiocre qualité.

Lorsqu'on veut se dispenser de drainer, il faut
planter la vigne sur billons d'autant moins larges que
le terrain est plus humide. Toutes mes vignes ont été
préalablement drainées et ellessont très-vigoureuses,
quoique plantées dans un terrain argileux, à sous-sol
excessivement compacte.

Défonçage.

Quel que soit le terrain qu'on veut convertir en

vigne, il est indispensable de le défoncer entièrement, afin que le sol soit bien perméable aux racines et leur permette de s'étendre dans tous les sens. On sait, en effet, que la vigne a deux sortes de racines, les unes traçantes et les autres pivotantes ; il est donc nécessaire de favoriser le développement de ces deux systèmes de racines par un défonçage bien fait et suffisamment profond.

Le degré de profondeur du défonçage peut varier selon les terrains et le climat. Sous le climat brûlant du Midi, le défonçage doit avoir au moins 50 centimètres, afin que les racines puissent aller chercher dans les profondeurs du sol une humidité qu'elles ne trouveraient pas à la superficie. Dans le Nord, où la sécheresse n'est pas à craindre, on peut s'abstenir de défoncer aussi profondément.

Dans un sol léger, à sous-sol perméable, un défonçage de 35 à 40 centimètres est suffisant, car les racines n'ont pas de peine à pénétrer dans le sous-sol. Au contraire, dans un terrain argileux, à sous-sol compacte, il est nécessaire d'atteindre une profondeur d'au moins 50 centimètres, car sans cela les racines pivotantes ne pourraient pas percer le sous-sol pour s'y implanter, et la vigne aurait un système radiculaire incomplet.

Le défoncement du sol doit être fait quelques mois avant la plantation, et autant que possible en automne, afin que les agents atmosphériques aient le temps d'amender la terre du sous-sol ramenée à la surface.

Si l'on a du fumier à sa disposition, on agira sagement en en garnissant le terrain à planter, de manière à l'enfouir au moment du défonçage : on favorise ainsi la reprise des chapons et la végétation est plus active.

A défaut de fumier, on peut le remplacer par des chiffons de laine, des fragments de cornes et d'os, des brindilles d'arbres ou d'arbrisseaux, des feuilles, etc. Leur décomposition est plus lente et leur action plus durable.

Le défonçage se fait ordinairement à main d'homme ; mais, dans les terrains accessibles à la charrue, il est plus avantageux de le faire avec cet instrument. Pour cette opération, on se sert de deux charrues marchant dans le même sillon. La première est une charrue ordinaire qui doit pénétrer à 20 centimètres de profondeur. Après elle vient une charrue Bonnet, grand modèle, qui prend, dans la même raie, une autre bande de terre de 30 centimètres d'épaisseur qu'elle ramène à la surface et dépose sur celle que la première charrue a enlevée.

La charrue Bonnet, que j'ai utilisée pour défoncer deux hectares, est un instrument parfait pour faire ce travail.

Dans un terrain de consistance moyenne, il faut un attelage de six forts bœufs pour que la charrue Bonnet fasse un bon travail.

Propagation et multiplication de la vigne.

La propagation et la mutiplication de la vigne peuvent se faire de diverses manières : par semis, par boutures simples, par boutures enracinées, par le marcottage ordinaire, par le marcottage renversé ou versadi, par le marcottage multiple, par le provignage et par la greffe.

Des semis.

Il n'est pas avantageux d'employer les semis pour la création d'un vignoble ; ce mode de propagation ne peut être utilisé que pour la formation d'une pépinière et à titre d'essai. En effet, il est avéré que des graines récoltées sur les meilleurs cépages ne donnent, la plupart du temps, que des espèces beaucoup moins bonnes.

En outre, la première fructification se fait attendre huit ou dix ans, et elle ne peut pas indiquer si les raisins donneront un bon ou un mauvais vin. On sait que certains raisins d'un goût délicieux produisent de fort mauvais vin, tandis que d'autres, d'un goût plus que médiocre, donnent des vins exquis.

Pline le naturaliste nous apprend que le vin Gau-
ranum, le Faustinianum et même le Falerne, prove-
naient tous de raisins d'une saveur peu agréable.
Mais il n'est pas nécessaire d'aller chercher la preuve
de ce fait dans l'antiquité, nous l'avons sous les
yeux : le Cabernet du Médoc et le Granaxa de
l'Aragon, cultivé dans l'Hérault sous le nom de
Grenache, donnent des vins de haute qualité, et
cependant leurs raisins sont d'un goût très-médiocre.

Donc, pour savoir si telle espèce provenant de
semis est susceptible de donner un vin de bonne
qualité, il faut la multiplier en quantité suffisante
pour en faire au moins un demi-hectolitre. Or, pour
cela il faut encore huit ou dix ans, ce qui porterait
à près de vingt ans le temps nécessaire pour constater
cette aptitude. Il est vrai que l'on peut abréger cette
dernière période en marcottant successivement les
jeunes pieds, ou en greffant les sarments sur de vieux
ceps. Néanmoins la propagation par semis ne doit
pas être employée pour la création d'un vignoble.

Mais en revanche, les semis ne doivent pas être
abandonnés par les viticulteurs désireux de créer des
espèces nouvelles. C'est ainsi que M. Bouschet père
et son fils, M. Hi Bouschet, de Montpellier, ont réussi
par l'hybridation et les semis, à créer une nouvelle
tribu de vignes à jus rouge d'un grand mérite, parmi
lesquels je citerai le *Petit Bouschet* qui, s'il se comporte dans le centre de la France comme dans le Midi,
ce que l'on peut espérer des essais déjà faits, rendra
un immense service aux vignerons de ces contrées

en leur donnant du vin joignant une grande couleur à une bonne qualité ordinaire.

Avant l'essai de MM. Bouschet, on s'était peu occupé de la création de cépages à vin, ces expériences exigeant un temps si long que la vie d'un homme suffit à peine pour connaître le mérite des produits des espèces créées ; et l'on s'expose, après de longues années de travaux, à n'obtenir que des vignes d'un mérite inférieur, ou tout au plus égal à celles déjà cultivées. Il n'en est pas ainsi des cépages à raisins de table dont on peut apprécier la qualité dès les premières années de production. Mais, pour des cépages à vin, que d'années ne faut-il pas avant d'être fixé sur la valeur de leurs produits.

Les essais faits antérieurement par Duhamel, l'abbé Rozier, Vau-Mons, le clerc de Laval et tant d'autres, ont été presque tous infructueux. Cela tient à ce qu'ils n'avaient pas eu recours à l'hybridation ; ils s'étaient bornés à prendre des graines sur de bons cépages et à les confier à la terre. MM. Bouschet ont procédé avec plus d'intelligence ; ils ont eu recours à la fécondation croisée entre des espèces bien choisies, de manière à obtenir, du produit créé, la réunion des qualités qui distinguaient les deux cépages croisés.

C'est dans son domaine de la Calmette, près de Montpellier, que M. Bouschet père commença, en 1829, les expériences continuées par son fils, M. Henri Bouschet, pendant près d'un demi-siècle.

Dès 1824, M. Bouschet père, comprenant la

nécessité d'obtenir des vins très-colorés afin de pouvoir les vendre facilement et à des prix avantageux, essaya la culture du *Teinturier* : mais les produits de ce cépage lui parurent d'autant plus insuffisants que ceux de l'*Aramon*, le plant fertile par excellence, sont plus abondants. L'idée lui vint alors de transformer l'*Aramon* et de créer un *Aramon-Teinturier*. Cette idée fut patiemment poursuivie pendant près de dix années, et le plant auquel ces habiles viticulteurs ont donné leur nom, et qu'ils appellent *Petit-Bouschet*, est le produit le plus remarquable du croisement de l'*Aramon* et du *Teinturier* opéré en 1829.

Au moyen de cet hybride et avec d'autres variétés obtenues de ce précieux semis, M. H^i Bouschet a opéré de nouveaux croisements avec la plupart des vignes méridionales qu'il a ainsi transformées en leur donnant, avec la fertilité qui leur est propre, le jus coloré que le Teinturier leur a imprimé à l'origine. Le *Petit-Bouschet*, dont la propagation s'étend rapidement dans le Midi, est appelé à rendre d'immenses services aux propriétaires du Centre dont les vins manquent généralement de couleur ; aussi s'empresseront-ils de l'adopter, d'autant plus que sa maturité a lieu en même temps que celle des *Gamays* et des *Cots* et qu'il résiste bien à la taille à longs bois.

Voici les caractères qui distinguent le Petit-Bouschet : cep vigoureux et rustique ; sarments longs, de moyenne grosseur et très-nombreux. Son bois

3

rappelle celui de l'Aramon ; mais son feuillage, d'un vert sombre, tranche avec celui des autres cépages et ressemble par sa forme et sa couleur à celui du Teinturier du Cher. Débourrant après l'Aramon, sa végétation est vigoureuse au printemps, et ses tiges violacées prennent un rapide développement. A l'automne, son feuillage d'un rouge vif carminé ne permet pas de le confondre avec ses voisins. Sa grappe, peu régulière et de moyenne grosseur, prend souvent la forme conique ; elle est lâche, assez fortement ailée et bien garnie de grains ronds, moyens, d'un noir bleu et bien pruinés. La peau est épaisse ; la chair juteuse et fondante, d'une saveur légèrement acidulée, même à sa parfaite maturité, donne un jus un peu moins coloré que celui du Teinturier. Le Petit-Bouschet n'exige pas une terre très-fertile. Sa vigueur se soutient dans les sols médiocres, et c'est là qu'il donne les meilleurs produits comme qualité de vins et comme intensité de coloration. Planté dans un terrain riche, on peut le tailler à longs bois. Ainsi traité par M. Bouschet, il leur a donné régulièrement des récoltes de 140 à 150 hectolitres par hectare.

Les autres variétés à jus rouge obtenues par M. H¹ Bouschet ont beaucoup de mérite, et je suis heureux de pouvoir faire connaître quelques-unes des plus remarquables qui sont : l'*Alicante Bouschet*, issu de l'alicante et du *Petit-Bouschet* ; l'*Alicante Bouschet précoce*, issue du même croisement ; l'*Alicante Bouschet à feuilles découpées*, même croisement; l'*Alicante Bouschet à sarments érigés*, même croisement; le *Morastel à gros grains*, issu du Morastel et du Petit-Bouschet; le *Morastel-Bouschet à petits grains*, même croisement; le *Morastel-Bouschet à sarments érigés*, issu du même croisement; l'*Espar-Bouschet*, issu du Mourvèdre et du Petit-Bouschet; *Raisin-Bouschet à feuilles de Malvoisie*, issu de l'Aramon et du Petit-Bouschet; le *Grand-Noir de la Calmette*, même croisement; l'*Aramon-Bouschet*, même croisement; le *Muscat-Bouschet*, issu de l'Aramon et du Muscat noir de l'Hérault; le *Terret-Bouschet*, issu du Terret gris et du Petit-Bouschet; le *Picpoule-Bouschet*, issu du Picpoule gris et du Petit-Bouschet; le *Passerille-Bouschet*, issu de la Passerille noire et du Petit-Bouschet; l'*Aspiran-Bouschet*, issu de l'Aspiran noir et du Gros-Bouschet.

D'aussi remarquables travaux ne pouvaient manquer d'attirer l'attention du Ministre de l'agriculture qui, sur le rapport de M. Victor Rendu, a décerné une médaille d'or grand module à M. H[i] Bouschet. Les jurys de plusieurs expositions ont apprécié l'importance de ces créations et les médailles d'or dont ils les ont récompensées, témoignent hautement du service rendu par M. Bouschet à la viticulture française.

De la bouture simple.

La multiplication de la vigne par boutures est

sans contredit le moyen le plus simple, le plus prompt et le plus généralement employé.

La bouture simple se divise en chapon et en crossette. Le chapon est un sarment ordinaire de l'année. La crossette est un sarment de l'année muni, à son extrémité inférieure, d'un morceau de bois de deux ans. Le nom de crossette lui vient de ce morceau de vieux bois qui figure souvent une crosse ou un crochet.

Certains auteurs préfèrent le chapon à la crossette; mais le plus grand nombre affirme que la crossette est d'une reprise plus facile et constitue des ceps plus vigoureux et plus fertiles. Je partage cette dernière opinion pleinement confirmée par l'expérience. Le bois des sarments de l'année est excessivement poreux et son canal médullaire est d'un grand diamètre, ce qui est une cause de pourriture lorsque le chapon est placé dans un terrain humide, ou s'il est planté trop profondément. On peut, il est vrai, éviter en partie cet inconvénient en opérant la section de la base du chapon au milieu d'un nœud où le canal médullaire est interrompu. Mais cette interruption n'existant que sur une longueur d'un millimètre, il est presque impossible d'opérer la section juste à cet endroit; et lors même qu'elle y serait faite, le chapon ne vaudrait pas encore la crossette.

L'expérience prouve, en effet, que c'est du bourrelet qui se trouve à l'insertion du nouveau bois sur l'ancien que sortent les premières et les plus vigou-

reuses racines. Cela s'explique par l'état sain que
conserve le bourrelet composé de fibres très serrées
et sans canal médullaire.

Lenoir affirme que toute bouture coupée au-dessus
du bourrelet ne produit que des racines latérales.
Le système radiculaire est donc incomplet; aussi les
ceps provenant d'une pareille bouture n'ont-ils jamais
la vigueur de ceux produits par une bouture à bourrelet, et ils ne sont pas aussi productifs.

Un très-éminent viticulteur pense que le vieux
bois de la crossette doit rendre la circulation de la
sève très-difficile. Qu'il me permette de ne pas
partager ses appréhensions à cet endroit; car, pour
bien opérer, il ne faut pas laisser le morceau de
vieux bois à la crossette, lors de la plantation, mais
seulement le bourrelet qui ne peut nuire en rien à
la circulation de la sève.

La crossette a encore, sur le chapon, l'avantage
d'avoir certainement donné du fruit. On sait en
effet que les sarments venus sur le bois de l'année
précédente sont à peu près les seuls qui portent des
raisins ; tandis que dans le nombre des chapons que
l'on plante, il y en a une grande partie qui, venus
sur la souche, n'ont pas donné de fruit et produisent
des ceps moins fertiles.

Le chapon, quoi qu'on puisse dire, n'est qu'un
sujet imparfaitement constitué, tandis que la crossette
est un sujet entier, dont le canal médullaire est
complet, bouché qu'il est à sa base par une couche
ligneuse de plusieurs millimètres d'épaisseur.

Mais les crossettes sont en trop petit nombre pour suffire aux plantations qui se font chaque année ; aussi est-on forcé d'avoir recours aux chapons, qu'il est indispensable de couper au-dessous d'un bouton si l'on veut avoir des ceps sains et vigoureux.

Que l'on donne la préférence au chapon ou à la crossette, il faut planter exclusivement des sarments venus sur bois de deux ans et ayant porté du fruit, ce que l'on connaît à la base du pédoncule du raisin qui reste attaché au sarment. Il faut rejeter tous les gourmands, c'est-à-dire tous les sarments sortis sur la souche et qui n'ont pas porté du fruit; ils produiraient des ceps qui donneraient plus de bois que de raisins.

Des boutures enracinées.

On emploie peu de boutures enracinées pour la plantation des vignobles, et cependant elles offrent, sur les boutures simples, de très-grands avantages qui devraient les faire adopter généralement.

Les chapons et crossettes ne sont en pleine production qu'à la cinquième année, en supposant la reprise parfaite. Dans le cas contraire, il faut remplacer les manquants la seconde année, opération qu'on appelle rebrochage. Et si la reprise est encore mauvaise, il faut attendre que le bois soit assez fort et sain pour provigner, ce qui fait perdre au moins

deux années. Au contraire, la reprise des plants enracinés est certaine pour peu que l'on apporte quelque
soin dans leur arrachage et leur transplantation.

En plantant des chapons ou des crossettes, on est
obligé de travailler la vigne pendant quatre ans
avant qu'elle produise des récoltes passables, et ces
façons sont aussi coûteuses que pour une vigne en
plein rapport ; tandis que de bonnes chevelées de
deux ou trois ans de pépinière produisent pleinement
à la troisième année.

Pendant les deux ou trois années de pépinière,
le vigneron n'a à travailler qu'un espace représentant
à peine la dixième ou la douzième partie de la surface
de la vigne faite, et c'est là une grande économie.
Mais ce n'est pas la seule, car, pendant ce temps le
vigneron peut cultiver le terrain dans lequel il a le
projet de planter les chevelées, et le produit est tout
bénéfice.

Enfin il est certain que, lorsqu'on plante des
chapons ou des crossettes, il n'est pas possible de les
bien choisir, et, dans le nombre, il y en a toujours
de défectueux, qui produisent des ceps ayant une
constitution rachitique et donnant de faibles produits.
Au contraire il est facile de rejeter les chevelées dont
le système radiculaire est mauvais, et de ne planter
que celles qui, étant bien constituées, peuvent former
des ceps vigoureux et fertiles.

Je dois mentionner ici un moyen pour faire prendre
une croissance vraiment prodigieuse aux boutures de
vigne.

Des expériences très-intéressantes ont été faites par le général Pleasouton sur le développement des végétaux, et même des animaux, sous l'influence de la lumière transmise par des verres violets.

En avril 1861, le général Pleasouton fit planter, dans une serre garnie de verres violets, des boutures, à ras du sol, de vignes d'un an, de la grosseur de 7 millimètres environ et de trente espèces différentes de raisin. Quelques semaines après, les branches et les feuilles couvraient entièrement les murs jusqu'au toit, et, au commencement de septembre, c'est-à-dire après cinq mois de plantation, ces vignes mesuraient 45 pieds en longueur, sur un pouce de diamètre à un pied au-dessus du sol.

Au mois de septembre de l'année suivante, quand les grappes commençaient à se colorer et à mûrir, on estima que ces vignes, âgées de dix-sept mois, portaient 1200 livres de raisins. La deuxième année, ces mêmes vignes produisirent dix tonneaux de raisins exempts de toute maladie. Depuis neuf ans ces vignes ont constamment donné des récoltes aussi plantureuses et des pousses de feuilles et de bois aussi étonnantes.

Quelques jardiniers avaient déjà instinctivement pressenti la favorable influence des verres bleus et les avaient employés avec succès. On sait, du reste, depuis longtemps que les rayons lumineux sont nuisibles à la germination et que les rayons chimiques la favorisent considérablement. Or, ce sont précisément les rayons violets qui renferment le maximum d'action chimique de toutes les couleurs du spectre solaire.

Des expériences ont été faites sur des cochons et un jeune taureau ; les résultats obtenus par l'emploi des verres violets ne laissent aucun doute sur leur efficacité pour faire développer la croissance des animaux.

Du marcottage ordinaire.

Le marcottage ordinaire se fait en mars. On choisit, sur un cep, le sarment le plus vigoureux ; puis on ouvre, au pied de la souche, un petit fossé d'environ quarante centimètres de longueur sur quinze de profondeur ; on y couche le sarment dans le sens de la ligne, on en relève le bout de manière à laisser sortir deux boutons hors de terre, et l'on fixe ce bout de sarment à un échalas. La terre extraite du trou doit être fumée et ensuite remise en place en ayant soin de la tasser légèrement. Cela fait, il faut avoir soin d'éborgner tous les boutons qui se trouvent sur la marcotte entre la souche et la partie enterrée.

Au mois de juin, les boutons hors de terre poussent des jets vigoureux, et à chacun de ceux enfouis dans terre il naît un collier de racines. A l'issue de l'hiver qui suit la deuxième pousse de la marcotte, on la sèvre en la coupant près du cep ; on la déterre et on l'enlève avec précaution, puis on la coupe au-dessous

du nœud où se sont développées les plus belles racines
et on la transplante de suite. On peut stimuler l'é-
mission des racines dans la partie enterrée du sarment, par la strangulation, la torsion, ou l'incision
annulaire de cette partie mise en terre.

La marcotte est bien préférable au provignage
pour remplacer les manquants, et si elle a été faite
dans ce but on ne l'enlève pas. On la déchausse
avec précaution vers son extrémité et on la coupe dans
terre au bas de la partie verticale, au-dessous d'un
nœud convenablement garni de racines ; puis on la
coupe à l'autre extrémité près du cep, on arrache la
partie horizontale et on comble le trou. De cette
manière on a des boutures fortement enracinées et
d'autant plus vigoureuses qu'elles n'ont pas été repi-
quées.

Dès la première année, la marcotte jette de nombreuses et fortes racines et donne de beaux sarments.

Je ne saurais donc trop engager les vignerons à
essayer ce mode de propagation. Je suis persuadé
que les excellents résultats qu'ils en obtiendront les
engageront à abandonner le provignage.

Fig. n° 1.

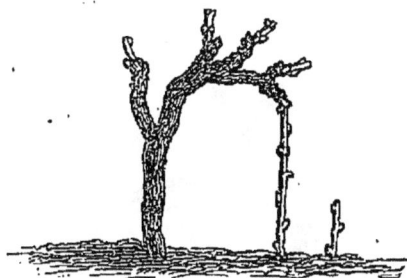

Marcotte ordinaire ou Sautelle.

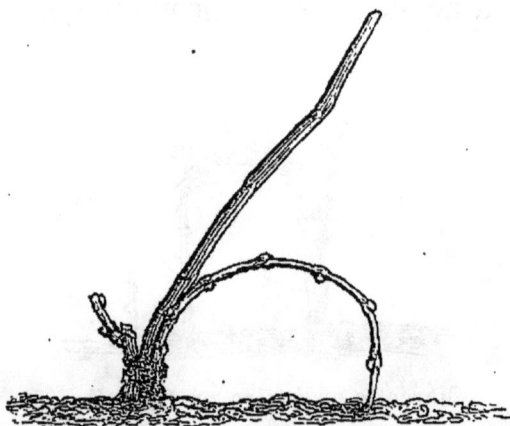

De la marcotte renversée ou versadi.

Dans un assez grand nombre de vignobles on pratique une espèce de marcottage que j'appellerai renversé et auquel on donne le nom de Versadi.

Le Versadi consiste à choisir, sur un cep, un beau et long sarment dont on plante l'extrémité à 20 ou 25 centimètres en terre exactement comme on plante les chapons, en ayant soin de bien tasser la terre autour de ce sarment qui prend racine sur place. Il va sans dire que l'on ne détache pas ce sarment de la souche. Au printemps de la seconde année, si l'on juge que le Versadi est assez enraciné, on le coupe près du cep et on le taille à l'autre extrémité au-dessus du second bouton. Mais quelque soin que l'on mette à faire le Versadi, il est loin de valoir la marcotte.

Fig. n° 2.

Marcotte renversée ou Versadi.

De la Marcotte multiple.

Dans les Vosges, les vignerons pratiquent un marcottage au moyen duquel on obtient un très-grand nombre de boutures enracinées. M. Guyot, qui décrit ce marcottage dans son grand ouvrage, dit avoir vu de ces marcottes portant douze plants ayant vingt-quatre grappes et des pampres de deux mètres de longueur. Les souches, dit-il, n'en paraissent nullement fatiguées, ni dans leurs raisins ni dans leur bois.

Voici comment on opère : au mois de mars, on abaisse horizontalement à 4 ou 5 centimètres de terre un sarment d'une longueur indéterminée et on le fixe au moyen de petits crochets en bois. Aussitôt que ce sarment a poussé des bourgeons de 15 à 20 centimètres, on creuse au-dessous une petite fosse de douze centimètres de profondeur, au fond de laquelle on le couche en ayant soin de ne pas en offenser les bourgeons ; on remet la terre dans la fosse en la tassant légèrement sur toute la longueur du sarment ; puis on fixe chaque bourgeon à un petit échalas.

Afin de les renforcer, il serait bon de pincer ces bourgeons lorsqu'ils ont atteint une longueur de 50 à 60 centimètres, en supprimant le haut de chaque bourgeon avec les ongles de l'index et du pouce.

Ces jeunes plants détachés ensuite du sarment, en opérant une double section le plus près possible du collet à droite et à gauche, et transplantés à l'automne ou au printemps suivant, donnent souvent du fruit la même année. Ce marcottage est sans contredit le moyen le plus simple et le moins coûteux d'obtenir des plants enracinés eu grande quantité.

De la Marcotte estivalle.

Voici un autre moyen de faire des marcottes qui, dit-on, n'épuise pas les ceps. Vers la fin de juin, ou en juillet, on couche des jeunes branches de vigne et on les couvre de terre, sauf l'extrémité qui doit avoir 15 centimètres au-dessus du sol. Ces marcottes poussent d'autant plus vigoureusement que la partie enterrée jette des racines qui les fortifient. Ces marcottes tirant de la terre une partie de leur nourriture, dépensent moins de sève à la souche mère ; elles deviennent parfois assez longues et assez fortes pour être couchées de nouveau au mois d'août.

Le hasard m'a fourni la preuve de la facilité avec laquelle les sarments prennent racine au mois de juillet : Un certain nombre de sarments qu'on avait oublié d'accoler et qui, quoique un peu enfoncés dans terre, n'étaient pas entièrement recouverts, ont tous poussé de fortes racines.

Du Provignage.

Tous les vignerons connaissent cette opération, qui est usitée dans presque tous les vignobles et principalement en Bourgogne et en Champagne, pour remplacer les manquants.

En Bourgogne, on éternise les vignes de Pineau en faisant chaque année de 400 à 700 fosses à provins par hectare. La vigne y est ainsi renouvelée à des époques assez rapprochées, et cela sous le prétexte que la plantation de franc-pied altèrerait la qualité du vin. Cette hypothèse n'a aucun fondement. Il est certain, en effet, que, si chaque année on replantait des plants enracinés en nombre égal aux pointes de provins que l'on fait, la qualité du vin serait exactement la même.

Ce n'est pas dans les racines et dans la tige souterraine que la sève s'élabore de manière à donner plus ou moins de qualité aux raisins ; c'est dans la tige aérienne, dans les sarments, et plus particulièrement dans les feuilles que se trouve le laboratoire où la sève vient recevoir une perfection plus ou moins grande, selon qu'elle a pu opérer son ascension avec plus ou moins de vitesse.

On conçoit très-bien que si la sève n'éprouve aucun embarras, aucun retard dans son ascension, elle arrive en si grande quantité dans tous les organes du cep, que le travail de transformation qui doit avoir lieu ne peut pas s'y opérer convenablement. C'est ce qui explique pourquoi les jeunes vignes donnent du vin inférieur à celui des vieilles vignes dont les ceps contournés et pleins de nodosités ne permettent pas à la sève d'y affluer en aussi grande abondance, et laissent ainsi aux feuilles le temps nécessaire à sa complète élaboration. Or les sarments provignés n'offrent pas plus d'obstacles à l'ascension de la sève que les boutures enracinées et ne peuvent conséquemment produire un meilleur vin.

Il y a certains vignobles où le provignage est en si grand honneur que, lorsqu'on crée une vigne, on ne plante que deux lignes sur quatre, c'est-à-dire que l'on plante la première et la seconde et on laisse sans plantation l'espace nécessaire aux troisième et quatrième lignes ; on plante la cinquième et la sixième et l'on saute l'espace nécessaire aux deux suivantes, et ainsi de suite. Puis, quand les ceps ont fourni de beaux sarments, on forme les lignes non plantées au moyen de provignage.

Le provignage consiste à ouvrir, à l'endroit où il y a des manquants, une fosse de la dimension nécessaire à l'enfouissement de la souche et du nombre de sarments égal à celui des vides. Chaque fosse doit avoir une profondeur suffisante pour que la souche et les sarments soient aussi profondément enfouis que la vigne l'a été primitivement. Cela fait, on couche la souche et les sarments dans la fosse et l'on ramène le bout de chaque sarment au-dessus du sol à la place que devait occuper le manquant. On remet ensuite dans la fosse la moitié seulement de la terre qui en a été extraite afin de faciliter la formation du chevelu. L'année suivante on fume chaque provin et l'on finit de le combler.

Cette pratique jugée bonne par certains vignerons, est condamnée par d'autres. Les auteurs qui ont écrit sur la vigne diffèrent aussi d'opinion à son endroit, et, pour n'en citer que quelques-uns, je dirai que le docteur Guyot et M. Trouillet la proscrivent comme funeste à la vigne ; M. Dubreuil ne l'approuve pas, mais le comte Odart lui trouve l'avantage de rajeunir la vigne tout en étant un excellent moyen de multiplication.

Cependant, je lis, à la page 242 de son *Ampélographie universelle*, 4e édition, que les *Côts* n'aiment pas à être provignés; que les vignerons de la Touraine ont remarqué que si, la première année du provignage, le produit est satisfaisant, il n'en est pas de même les années suivantes. Il attribue ce défaut de récolte à ce que le rajeunissement de la vigne, opéré par le provignage, suspend son rapport, sans doute, dit-il, parce que les canaux séveux ont besoin d'être oblitérés par l'âge. Et, il ajoute que les vignerons de sa contrée ont remarqué que les vignes de *Côt* très-provignées ne duraient pas autant que celles qui ne l'avaient pas été.

Ces remarques judicieuses, faites par les vignerons de la Touraine pour les *Côts*, peuvent s'appliquer à tous les cépages indistinctement. Mais la raison que le Comte Odart donne pour expliquer le faible produit des provins après la première année, n'est pas plausible. En effet, plus les canaux séveux de la vigne sont oblitérés, moins la sève y circule facilement, moins la vigne est vigoureuse, moins elle produit, mais plus ses produits ont de qualité. Au contraire, plus la vigne est jeune, moins ses canaux séveux sont oblitérés, plus ses produits sont abondants, mais moins ils sont bons.

Je partage l'opinion de MM. Guyot et Trouillet, et je n'hésite pas à affirmer que le provignage offre beaucoup plus d'inconvénients que d'avantages.

L'enfouissement des ceps et des sarments, et la position horizontale qu'on leur donne est contraire aux lois de la nature, car tous les végétaux ont une position verticale. Et, pour ne parler que de la vigne, il est évident que si l'on sème des pepins, il se formera naturellement ce qu'on appelle le collet d'où partent à la fois le système radiculaire et le système aérien. Du collet ou mésophyte partent des racines fibreuses qui s'enfoncent dans la terre et y développent des radicelles. De ce même mésophyte, ou nœud vital, part, en sens contraire, un tronc unique qui s'élève verticalement au-dessus du sol pour étendre ses rameaux à l'air libre. Mais jamais on ne verra un pepin, un gland, un noyau, ou une graine quelconque produire naturellement une tige prenant sous terre une forme horizontale avant de s'élever au-dessus du sol.

L'expérience prouve que, la plupart du temps, les ceps provignés ne donnent naissance qu'à de faibles radicelles, mais non à des racines capables de nourrir chaque provin. C'est toujours le pied-mère qui nourrit, sinon tous les provins, au moins la plus grande partie, et leur nombre est beaucoup plus grand qu'on ne le croit.

En 1863, voulant cultiver à la charrue une vigne plantée en 1848 et dont les ceps étaient peu espacés, j'ai été obligé de faire arracher une ligne sur deux et de reformer les lignes qui n'existaient plus par suite de provignages répétés, la vigne ayant mal pris lors de sa plantation. Toute la partie des provins couchée dans terre avait un diamètre bien inférieur à celui de la tige aérienne, et, sur cent provins arrachés, il n'y en avait pas dix pourvus de racines capables de nourrir la tige. Il n'y avait que de rares radicelles tout-à-fait insuffisantes pour l'alimentation du cep.

Si chaque provin donnait naissance à de bonnes et vigoureuses racines, la vigne en acquerrait une force de végétation telle qu'il faudrait la modérer pour en obtenir du fruit. Mais c'est précisément le contraire qui a lieu; car, après un certain nombre d'années d'un provignage périodique, le sol de la vigne contient un réseau inextricable de tiges souterraines qui se gênent à tel point, que l'existence de la vigne est compromise.

Pour que les racines pivotantes de la vigne puissent se développer, il faut nécessairement un mésophyte; or, dans un sarment couché sous terre, il ne peut pas y avoir de mésophyte, et conséquemment point de racines pivotantes. En suposant même qu'il y ait des racines latérales, ce qui n'a pas lieu dans la plupart des cas, le système radiculaire est incomplet et ne peut donner au cep une végétation vigoureuse.

Il est constant que dans les nombreux vignobles où le provignage est proscrit comme une pratique nuisible, la vigne est douée d'une vigueur, d'une fertilité et d'une longévité plus grandes. Cela n'a rien d'étonnant; car, lorsqu'on provigne un cep, on est obligé de couper une des principales racines afin de pouvoir coucher la souche qui souvent ne peut plus en jeter de nouvelles pour les remplacer.

On fait ainsi une opération contraire aux notions les plus élémentaires de la physiologie végétale. En effet, dans tous les végétaux le développement des racines est en rapport constant avec le développement de la tige et des branches. On a même constaté que les plus grandes et grosses ramifications des racines se trouvent presque toujours placées au-dessous des plus grandes et grosses branches des arbres.

Par l'opération du provignage, d'un cep on en fait deux, trois et souvent quatre, auxquels il faut deux, trois et quatre fois plus de sève qu'au cep unique. Les racines de la souche mère sont donc insuffisantes à aspirer et à fournir à ce surcroît de ceps la sève nécessaire à leur végétation normale.

Il faudrait, si cela était possible, en créer de nouvelles dans la proportion de l'augmentation des ceps ;
mais, loin de le pouvoir faire, le vigneron est dans
la nécessité d'en couper une partie afin de pouvoir
coucher la souche dans la fosse. Le rapport entre
le système radiculaire et le système aérien est
complétement rompu, et des ceps ainsi mutilés ne
peuvent être ni vigoureux, ni féconds, ni durables.

Le provignage a encore un grand défaut, c'est
celui de rompre l'alignement des ceps, de faire
d'une vigne en lignes une vigne en foule et de paralyser ainsi, en grande partie, l'action bienfaisante
de l'air et du soleil.

Les partisans du provignage disent qu'il est facile
de conserver l'alignement des ceps; cela est vrai.
Mais, en général, les vignerons provignent avec peu
de soin et rompent l'alignement. Il suffit, pour s'en
convaincre, de visiter les vignobles où cette pratique
est usitée.

Le provignage est, à mon avis, un mode défectueux de multiplication de la vigne ; aussi, y ai-je
renoncé pour adopter le marcottage qui vaut mieux.
Je préfère même la marcotte aux boutures enracinées
pour remplacer les manquants lorsque la vigne est
adulte ; car, alors les racines des ceps voisins étouf-
fent celles des chevelées dont la végétation reste
chétive pendant plusieurs années, tandis que les
marcottes prennent un rapide développement.

De la greffe.

La greffe est un bon moyen pour propager une espèce ou la substituer à une autre, et l'on ne comprend pas comment son usage n'est pas répandu dans tous les vignobles où les ceps infertiles, peu vigoureux ou de mauvaise espèce sont souvent très-nombreux.

La greffe de la vigne se pratique en grand dans le département de l'Hérault, pour faire fructifier plus tôt des espèces qui, sans cette opération, ne seraient en plein rapport qu'à l'âge de dix ou douze ans. Tels sont les muscats que l'on cultive à Lunel et à Frontignan.

Les viticulteurs qui veulent cultiver des cépages peu vigoureux de leur nature, plantent des espèces robustes sur lesquelles ils les greffent. Des faits nombreux attestent qu'un sujet robuste communique une partie de sa vigueur à la greffe qu'il porte. Ainsi dans l'Indre-et-Loire, on greffe le Cabernet-Sauvignon du Médoc, qui est d'une faible végétation, sur le Mouchard qui augmente sa vigueur.

L'avantage de pouvoir, par la greffe, substituer une bonne espèce à une mauvaise devrait la faire pratiquer par un grand nombre de vignerons. Les conséquences de la greffe n'ont pas seulement pour effet de reproduire l'espèce qui l'a fournie ; le sujet doit évidemment exercer une certaine influence sur la greffre et modifier un peu sa nature. Il est probable qu'un sujet de bonne espèce doit communiquer à la greffe une partie de sa qualité et rendre la saveur de ses fruits plus parfaite.

M. Dearborn, président de la société d'agriculture du Massachussets, affirme que nos vignes d'Europe supportent mieux le froid de sa contrée, lorsqu'elles sont greffées sur leurs espèces indigènes.

Pour obtenir complétement ces résultats, il est nécessaire de greffer la vigne au-dessus du sol ; car, en greffant dans terre, le sujet qui a reçu la greffe lui donne bien d'abord un grand développement; mais peu à peu la greffe pousse elle-même des racines et finit par vivre de sa vie propre, de telle sorte que, au bout d'un certain temps, on n'a plus qu'une bouture ayant les défauts et les qualités de son espèce.

Malheureusement la greffe de la vigne hors de terre réussit si rarement qu'on la pratique peu.

En voilà une cependant dont la reprise doit être bonne. Elle est due à M. Rose Charmeux, et tous les cultivateurs de Thomery l'ont adoptée. Voici comment elle se pratique : Au moment où la sève commence à monter, on rabat la souche à 20 ou 25 centimètres au-dessus du sol et l'on ouvre du côté le plus lisse du cep, une rainure au moyen d'une gouge ronde. On prend un plant enraciné, ou, à défaut, une simple bouture ; on l'écorce à l'endroit qui doit pénétrer dans la rainure ; on l'y ajuste, on

ligature et l'on couvre de mastic à greffer. La greffe
doit avoir une longueur de soixante centimètres
environ, afin qu'elle soit suffisamment. enterrée et
qu'il y ait deux ou trois boutons au-dessus du point
de soudure.

La greffe la plus usitée est la greffe en fente. Elle
se fait ainsi : on déchausse la souche que l'on veut
greffer et on la coupe de six à dix centimètres au-
dessous du sol dans une partie aussi lisse que
possible. Avec une serpette et un petit maillet, on
pratique une fente verticale au centre du sujet et
sur une longueur d'environ six centimètres ; on
maintient cette fente ouverte avec un coin en bois.
On taille ensuite la greffe en biseau, en ayant soin
d'enlever plus de bois d'un côté que de l'autre,
afin que la moelle ne soit à découvert que d'un
côté ; on insère le bout du sarment dans la fente
et on en incline légèrement le sommet vers le
centre de la tige, de manière à ce que le bout
inférieur sorte un peu en dehors de la souche et que
le liber de la greffe et celui du sujet soient en
contact sur un point de leur étendue ; on enlève
le coin, on ligature et l'on couvre de mastic ; puis
on comble le trou et l'on taille la greffe au-dessus
du second bouton.

La greffe en fente est la plus usitée ; mais elle ne
réussit bien, et la soudure ne se fait convenablement que si l'on y apporte de très-grands soins.

J'ai fait greffer ainsi quelques milliers de souches ;
la plus grande partie a manqué, et parmi les

greffes qui d'abord avaient réussi, il y en a beaucoup qui ont péri plus tard.

Une greffe dont la reprise me paraît plus sûre est la greffe en fente-bouture indiquée par M. Dubreuil : voici comment il l'a décrit : En janvier, on choisit des crossettes ou sarments ayant à leur base un morceau de vieux bois, on les enterre verticalement et le sommet en bas. Lorsque la vigne commence à pleurer, on déchausse les ceps jusqu'à 30 centimètres de profondeur sur 30 centimètres environ de largeur. On coupe les ceps en biseau allongé à 15 centimètres au-dessus du niveau du sol ; puis on pratique une fente verticale vers le tiers supérieur de ce biseau. Cette fente est maintenue ouverte par un coin de bois. On coupe le bout du sarment de telle sorte que la greffe ait une longueur de 30 centimètres. On entaille la greffe entre deux nœuds et de façon à enlever le quart de son diamètre. Il faut ensuite pratiquer sur cette entaille, vers le tiers inférieur de son étendue, une fente oblique ascendante d'une longueur de 5 centimètres environ. Puis on agrafe la greffe sur la souche en faisant pénétrer l'esquille de la greffe dans la fente de la souche, de façon que, sur l'un des côtés, les écorces soient sur le même plan vertical. On ligature avec des écorces de saules ramolies dans l'eau, puis on enveloppe la partie opérée avec du mastic à greffer. Enfin, on comble le trou avec la terre qui en avait été extraite, de façon à ce que la greffe présente seulement un bouton au-dessus de terre. Le sommet du sarment doit être fixé sur un petit échalas. Bientôt la soudure s'opère entre la greffe et la souche, et le talon de la greffe se garnit de racines ; de sorte que c'est à la fois une greffe et une bouture ; de là son nom de greffe en fente-bouture.

Cette greffe a l'inconvénient d'être plus compliquée que la précédente et l'on ne peut la confier qu'à un homme très-étendu.

Dans quelques vignobles on pratique la greffe-marcotte et la greffe-provin. La greffe-marcotte se fait avec des sarments coupés en février et stratifiés jusqu'au moment de l'opération qui se fait en avril. Comme pour la marcotte, on choisit, sur un cep, le plus vigoureux sarment qu'on fend à l'extrémité et l'on taille intérieurement en biseau chaque partie de ce sarment. On coupe la greffe en double biseau allongé de manière à ce qu'une fois introduite dans la fente *biseautée* du sarment, toutes les parties se joignent bien. Cela fait, et les écorces du sarment et de la greffe étant bien ajustées, on ligature avec un fil de laine et l'on enduit ensuite la partie opérée avec du mastic à greffer. Enfin, on abaisse le sarment greffé dans une petite fosse, de manière à ce que la partie greffée en occupe le fond et que l'extrémité de la greffe laisse sortir deux yeux au-dessus du niveau du sol ; puis on comble la fosse avec la terre qui en avait été extraite. L'année suivante, et une fois la reprise assurée, on sèvre la greffe-marcotte en coupant le sarment-sujet d'abord près du cep, ensuite dans terre avant la partie greffée qui ne doit pas être dérangée.

Cette même greffe se pratique au provin et de la même manière qu'en marcotte.

Ces deux greffes paraissent mieux réussir lorsqu'elles sont pratiquées de la manière suivante : On taille le sarment en bec de flûte très-court ; on lui fait ensuite à 5 ou 6 centimètres plus bas, une entaille en biseau descendant qui pénètre jusqu'au milieu du canal médullaire, et l'on enlève la moitié du bois depuis le bec de la flûte jusqu'au fond de l'entaille oblique. On prépare la greffe de la même manière, afin qu'en la rapprochant du sarment, les deux parties s'adaptent parfaitement et se trouvent partout en contact. On ligature et l'on couvre de mastic à greffer.

J'emprunte au comte Odart la recette d'un mastic peu coûteux et dont il affirme l'efficacité. On met dans un pot deux ou trois poignées de suie passée au tamis, de la fiente de vache et un peu de poussière de plâtre ; on délaye avec du jus de fumier, et l'on ajoute un ou deux décilitres d'huile empyreumatique dont l'odeur éloigne les taupes et les souris.

La greffe de la vigne n'est pas, comme on pourrait le croire, une pratique nouvelle. Déjà, 250 ans avant Jésus-Christ, Magon indiquait la manière de greffer en fente.

Soixante-trois ans après, Caton expliquait ainsi trois sortes de greffes : « On ente la vigne au printemps, ou quand elle est en fleur, et cette dernière méthode est la meilleure. Voici comment on s'y prend pour enter la vigne : on coupe le cep que l'on veut greffer, puis on le fend au milieu à travers la moelle et l'on y insère la greffe après l'avoir aiguisée par le bout, de façon que les moelles se joignent. » C'est la greffe en fente.

Voici une autre façon : « Lorsque deux ceps sont contigus, on prend deux jeunes branches, une sur chacun, que l'on aiguise obliquement et que l'on attache ensemble, moelle contre moelle, de façon que l'écorce de l'une touche à celle de l'autre. » C'est la greffe en approche.

Voici une troisième façon : « On perce de part en part avec une tarière le sarment que l'on veut enter, on y insère jusqu'à la moelle deux brins de vigne telle que l'on veut se la procurer, après les avoir coupés obliquement. Il faut faire en sorte que leurs moelles se joignent et ils doivent être insérés dans le trou que l'on aura creusé sur le sarment enté, l'un d'un côté, l'autre de l'autre. Ayez soin que les brins insérés aient deux pieds de longueur ; vous les abaisserez ensuite en terre, vous les reploirez du côté du cep auquel tient le sarment que vous aurez greffé ; vous fixerez celui-ci en terre par le milieu avec de petits crochets, et vous couvrirez le tout de terre. Dans tous les cas, vous enduirez la branche d'un lut que vous aurez pétri à cette intention, vous la lierez et la recouvrirez. »

Quelle que soit la sorte de greffe que l'on adopte, il est essentiel de couvrir le bout de la greffe avec du mastic, afin d'empêcher sa dessication.

Formation des pépinières.

La plantation en pépinière se fait au pal. Les sarments doivent être plantés à la distance de 15 à 20 centimètres dans la ligne, et les lignes doivent être à 35 centimètres les unes des autres. Il est essentiel de ne planter les boutures qu'à 15 ou 20 centimètres de profondeur. Il y aura peut-être un peu plus de manquants que si l'on plantait à une plus grande profondeur, mais les chevelées seront infiniment plus vigoureuses et cette vigueur se maintiendra plus tard dans les ceps dont la longévité et la fertilité seront augmentées.

La plantation en pépinière à une faible profondeur est encore une nécessité au point de vue suivant : si, lorsqu'on transplante les chevelées, on ne les enterre pas aussi profondément que lorsqu'elles étaient en pépinière, elles périssent souvent. En effet, l'humidité du sol ayant ramoli les tissus de la tige qui était enterrée, la partie de cette tige qui se trouve ensuite à découvert se dessèche à l'air et au soleil, la plante languit d'abord, puis dépérit et souvent elle finit par mourir.

Il y a quelques années, ayant plusieurs milliers de boutures enracinées à planter, et craignant que mes domestiques, peu au courant de ce travail, n'apportassent pas tous les soins nécessaires à leur transplantation, je crus bien faire en chargeant un jardinier de mettre ces chevelées à demeure. Malgré les recommandations réitérées que je lui fis de planter ces boutures enracinées aussi profondément qu'elles l'étaient en pépinière, il en tint peu de compte, pensant, sans doute, que c'était une précaution inutile. Mais les cinq sixièmes des chevelées qui n'avaient pas été plantées à une assez grande profondeur périrent.

L'année suivante, j'en fis encore planter quelques milliers ; mais, instruit par l'expérience, je me gardai bien de confier ce travail à un jardinier ; j'y employai mes domestiques qui suivirent ponctuellement mes recommandations, et la reprise fût parfaite.

Plantation de la vigne.

La plantation de la vigne, ainsi que les travaux préliminaires qui s'y rattachent, exigent des soins qui sont indispensables à la bonne reprise des boutures et à la vigueur de la vigne. Il ne faut donc apporter aucune négligence dans l'exécution de ces diverses opérations si l'on veut pouvoir compter sur le succès.

Epoque convenable.

L'époque la plus convenable pour la plantation de

la vigne varie nécessairement selon le sol et le climat. Ainsi, dans le centre et le nord de la France, on doit planter en avril dans les terrains légers et un peu plus tard dans les terrains argileux. Dans tous les cas, il faut attendre le commencement de la végétation.

Dans le Midi on doit planter un peu avant le début de la végétation, afin que les chaleurs précoces ne dessèchent pas les jeunes plants et ne nuisent à leur reprise.

Quant aux plants enracinés, on doit les planter partout avant le commencement de la végétation.

Direction à donner aux lignes.

La meilleure direction à donner aux lignes est celle du nord au midi, parce que, vers le milieu du jour, les rayons du soleil frappent la terre et la pénètrent d'une vive chaleur qu'elle rend aux ceps la nuit suivante par le rayonnement.

Lorsque des obstacles quelconques ne permettent pas d'adopter cette direction, il faut s'en rapprocher le plus possible et ne jamais tracer les lignes de l'est à l'ouest. Cette orientation est mauvaise en ce qu'une partie de la terre est toujours tenue à l'ombre par le feuillage des ceps et que les raisins placés au nord des ceps voient rarement le soleil. Or il est certain que l'action directe des rayons solaires a une grande influence, non-seulement sur la qualité, mais encore sur la quantité des produits.

Tracé des lignes de plantation.

Pour procéder à la plantation de la vigne, il est nécessaire que le sol soit bien uni afin de pouvoir y tracer les lignes dans un parallélisme aussi régulier que possible.

En général, pour faire ce tracé, les vignerons se servent de deux morceaux de bois d'une longueur représentant l'intervalle qu'ils veulent laisser entre les lignes ; deux hommes se placent chacun à l'une des extrémités du champ à planter et tiennent les bouts d'un cordeau attachés à deux forts échalas et qu'ils tendent le plus possible en fichant ces échalas en terre et en leur imprimant un mouvement de rotation comme à un cabestan ; cela fait, ils tracent la première ligne tout le long du cordeau, avec une petite pioche. La première ligne étant tracée, chaque homme prend le morceau de bois servant de mesure pour la largeur des lignes, le place par terre perpendiculairement aux lignes et l'un des bouts touchant la ligne tracée, l'autre bout indique alors l'emplacement de la seconde ligne ; on y place le cordeau et l'on trace, pour renouveler ensuite cette opération jusqu'au bout du champ. On procède de même pour les lignes en travers et les points de jonction des lignes indiquent la place que doit occuper chaque bouture.

Cette manière de procéder manque de régularité et il est rare que, quelque précaution qu'on prenne, les lignes soient bien parallèles. Le moyen suivant d'une prompte et facile exécution est bien préférable.

Au moyen d'un cordeau aussi tendu que possible, on trace, avec une petite pioche, la première ligne dans la direction adoptée. Puis, avec une équerre de géomètre, on trace un parallélogramme aussi vaste que le champ, à moins que celui-ci ne soit trop grand; dans ce cas on forme plusieurs parallélogrammes. Avec deux chaînes d'arpenteur dont les articulations sont faites de manière à donner exactement l'intervalle qui doit exister entre les lignes, on marque par des jalons l'emplacement que doit occuper chaque ligne. On trace ensuite les lignes au moyen d'un cordeau très-tendu et joignant bien les jalons indicateurs. On opère de même pour les lignes transversales.

Chemins de desserte.

L'établissement, de distance en distance, de chemins de desserte dans les vignes, est nécessaire pour faciliter l'apport des amendements et des engrais, le dépôt des sarments après la taille, des échalas avant le piquage et après le dépiquage, ainsi que de la récolte à l'époque des vendanges. Ces chemins doivent toujours être faits en contre-bas de la vigne, afin d'y attirer les vapeurs et l'humidité. Le docteur Guyot a calculé que les chemins de desserte convenablement établis dans un vignoble produisent autant que la vigne par les économies de main-d'œuvre qui en résultent.

Distance à laisser entre les ceps.

La distance à ménager entre les souches ne peut pas être la même dans toutes les circonstances; elle doit varier selon le climat, le sol, le cépage, la taille et la forme auxquelles on veut soumettre la vigne.

Plus le climat est chaud, plus la vigne se développe avec vigueur. Il faut donc réserver entre les ceps un intervalle plus grand dans le Midi que dans le Nord.

Dans un terrain riche, il faut, par la même raison, laisser plus d'espace entre chaque cep que dans un mauvais sol.

Tous les cépages n'ont pas la même constitution et partant la même vigueur; il est donc nécessaire de laisser à chaque espèce un espace en rapport avec son développement normal.

4

Il est reconnu que la maturité des raisins est d'autant plus hâtive que la vigne est moins vigoureuse; c'est donc encore une raison pour laisser moins de distance entre les ceps dans le Nord que dans le Midi.

Cette distance doit encore être déterminée par la forme que l'on veut donner aux ceps et par le genre de taille que l'on a l'intention d'adopter.

Dans tous les cas, cette distance doit toujours être suffisante pour que l'action de l'air et du soleil, ces influences si indispensables à l'abondance et à la qualité des produits, ne soient pas paralysées par un trop grand rapprochement des ceps.

Dans l'Hérault, le Gers et les palus de Bordeaux, on plante environ 4,500 ceps par hectare ; le Beaujolais en plante 18,000, la Champagne 30 à 40 mille, et dans la Moselle, ce nombre va jusqu'à 50 mille.

Dans tous les terrains accessibles à la charrue, j'engage les vignerons à laisser entre les lignes l'espace nécessaire pour pouvoir cultiver la vigne avec cet instrument. Cet intervalle doit être d'un mètre et mieux encore de 1 mètre 10 centimètres, sauf à rapprocher davantage les ceps dans les lignes.

Préparation des boutures pour la plantation.

Aussitôt après la taille de la vigne, on choisit

les chapons ou crossettes et on les réunit en
petits paquets de cinquante environ qu'on lie
avec de l'osier, en ayant la précaution de peu les
serrer. On creuse dans terre des fossés de 30 à
35 centimètres de profondeur dans lesquels on
couche ces paquets sur lesquels on jette du sable ou
de la terre très fine, afin que tous les sarments en
soient entourés ; puis on recouvre le tout avec de la
terre et on laisse stratifier ces chapons jusqu'au
moment de la plantation. Alors, on ne doit les sortir
de terre qu'au fur et à mesure de plantation, et avoir
soin de les couvrir d'un linge mouillé afin que le
soleil ne les dessèche pas.

En Beaujolais, au lieu de faire stratifier dans terre
les chapons ou crossettes, on les place verticalement,
et le pied en bas, dans une benne dans laquelle on
a préalablement mis de l'eau et de la cendre, et on
les y laisse jusqu'au moment de la plantation.

Mais la stratification dans du sable est bien
préférable, surtout si les boutures sont taillées
longtemps avant la plantation.

Profondeur de la Plantation.

La profondeur à laquelle il convient de planter
la vigne ne peut pas être la même partout. Elle
doit être telle que les boutures puissent tout à la
fois recevoir l'action de l'air et trouver néanmoins
le degré d'humidité qui leur est nécessaire.

il faudrait, si c'était possible, que le collet ou mésophyte se trouvât presque au niveau du sol, comme c'est le cas, lorsque la vigne provient de semis. Cela n'étant pas praticable il faut planter la vigne à une faible profondeur, afin de se rapprocher de l'état de nature en mettant les racines à la portée des influences végétatives de l'atmosphère.

Dans le Midi et dans un terrain léger et perméable, la vigne doit être plus profondément plantée que dans le Nord et dans un terrain argileux et humide. En effet, dans le premier cas, il est essentiel que les racines soient préservées des grandes chaleurs et des sécheresses de l'été, et qu'elles puissent trouver le degré d'humidité qui leur est nécessaire. Dans le second cas, il est indispensable de la soustraire à une trop grande humidité en la plantant moins profondément.

Dans le Midi la plantation ne devrait pas dépasser 40 centimètres de profondeur en terre légère, et 30 centimètres en terrain argileux. Dans le Nord et le centre, il convient de ne pas aller au-delà de 30 centimètres dans les terrains très-perméable, et de 25 centimètres dans les sols compactes et humides.

En adoptant les profondeurs que je viens d'indiquer, il y aura peut-être un peu plus de manquants que si lon plantait plus profondément ; mais la vigne sera plus vigoureuse, elle produira davantage et une année plus tôt. D'ailleurs, en prévision des

manquants, il est bon, sur deux trous, de mettre
deux boutures dans l'un deux, sauf à arracher
plus tard la plus faible s'il n'y a point de
manquants à remplacer. Il convient aussi de faire
la même année une pépinière afin de pouvoir
remplacer les manquants par des plants enracinés
si les doubles boutures ne suffisent pas.

Plantation proprement dite.

Le mode de plantation le plus usité est incontestablement la plantation à la barre ou pal. Le
pal doit être en fer d'un diamètre de 6 à 7 centimètres, pointu par le bas et aminci dans la partie
haute, au bout de laquelle on pratique un fort
anneau afin d'y introduire un manche horizontal en bois, de 25 centimètres de longueur, qui
sert à manœuvrer l'instrument dont la longueur
doit être de 80 à 85 centimètres.

Le pal entièrement en fer pèse de 14 à 15 kilogrammes, et ce poids, qui paraît d'abord excessif,
contribue à éviter beaucoup de peine à l'ouvrier
chargé de creuser les trous destinés à recevoir les
boutures. En effet, l'instrument pénètre plus
facilement dans terre que s'il était plus léger, et
l'ouvrier s'habitue bien vite à le manœuvrer.

La plantation terminée, il faut rabattre les
boutures à un ou deux yeux au-dessus du niveau

du sol, en ayant soin d'opérer la section au milieu du bouton supérieur afin que les intempéries et la sécheresse n'aient aucune influence fâcheuse sur le dernier bouton conservé.

Dans le cas où l'on opérerait la section au-dessus du dernier bouton conservé, il serait nécessaire de mettre du mastic à greffer sur l'extrémité des boutures et même de les recouvrir de sable ou de terre légère de manière à les soustraire à l'ardeur du soleil et de faciliter leur reprise.

Atelier de plantation.

Voilà comment j'ai toujours composé mon atelier de plantation : Quatre hommes, armés chacun d'une barre, font les trous ; un enfant les suit et introduit les boutures dans les trous ; deux hommes vont chercher le terreau, la cendre ou le sable fin sur le bord du champ et en remplissent les trous ; enfin, quatre hommes, armés de longs échalas bien pointus et un peu minces, tassent soigneusement la terre autour des boutures, afin qu'il n'y ait aucun vide entre elle et le terreau. Le tassement du terreau autour des boutures est l'opération essentielle pour assurer leur reprise ; si ce tassement n'est pas parfaitement fait il y a beaucoup de manquants. J'oubliais de dire que l'enfant chargé de mettre les boutures dans les trous, les trempe préalablement dans un récipient quelconque — une benne par exemple — qui contient de la bouse de vache délayée dans de l'eau, puis il les saupoudre avec de la cendre de bois. Ce pralinage facilite singulièrement la reprise, mais à la condition de ne pas laisser sécher cet enduit sur les boutures.

M. André Leroy d'Angers conseille d'enlever, au moment de la plantation, l'épiderme des boutures sur une longueur de 10 centimètres à la base du sarment, afin de mettre à nu les couches du liber, ce qui contribue à assurer la reprise. Je l'ai fait souvent et m'en suis toujours bien trouvé.

Dans une partie du Beaujolais, au lieu de se servir de la barre, on emploie la pioche pour faire les trous destinés à recevoir les boutures.

Dans d'autres vignobles, on creuse des fosses de 30 à 40 centimètres de profondeur, au fond desquelles on coude la bouture sur une longueur plus ou moins grande selon les localités, puis on les relève verticalement.

Ailleurs on ouvre sur toute l'étendue de la vigne des fossés ayant une largeur égale à l'espace qui doit exister entre chaque ligne et une profondeur qui varie de 40 à 80 centimètres, salon la nature des terrains. De chaque côté de ces fossés, et à des distances plus ou moins grandes, on plante des boutures dont la longueur est telle qu'elles se croisent au fond du fossé et atteignent l'autre bord. Mais rien ne vaut la plantation verticale qui seule permet à la vigne d'avoir des racines pivotantes.

Avantages de la plantation en boutures enracinées.

Dans quelques vignobles, on plante des boutures enracinées de préférence aux boutures simples. J'ai indiqué, dans un chapitre précédent, les raisons qui me font préférer les chevelées, je n'y reviens pas. Mais je tiens à dire qu'en 1865, j'ai planté une vigne de plus d'un hectare avec des plants enracinés de quatre ans de pépinière. En 1867, elle était en plein rapport.

Avantages de la plantation faite après une bonne année.

Lorsqu'on a l'intention de planter une vigne, il faut éviter de le faire après une mauvaise année. Il convient de choisir, pour cette opération, une année qui succède à une récolte abondante et de bonne qualité. Le bois est mieux conformé, bien mûr, plein de vigueur et dans d'excellentes conditions pour former une vigne robuste et productive.

CULTURE DE LA VIGNE

─━◦◦◦━─

Avantages de la culture en lignes.

Dans beaucoup de vignobles, et plus particulièrement dans ceux où le provignage est en honneur,
la vigne est cultivée en foule, c'est-à-dire sans
alignement. Cela vient de ce qu'au lieu de remplacer
les manquants par des plants enracinés, on a recours
au provignage que l'on fait sans soins et sans prendre
la peine de creuser les trous de manière à ce que le
bout des sarments soit exactement sur la ligne. C'est
ainsi que l'on opère dans la haute Champagne, en
Bourgogne et dans beaucoup d'autres vignobles.
Mais il n'en est pas de même dans le Médoc, où, la
ligne est scrupuleusement maintenue, par rapport
aux nombreux avantages que présente la culture en
ligne. En effet, cette culture permet de travailler la
vigne à la charrue; le travail à main d'hommes y est
plus facile et moins long, le vigneron n'ayant pas à
craindre d'attaquer les souches et les jeunes grappes
avec sa pioche. La surveillance est plus facile, et, avec

cette disposition, les moyens de soutènement et de palissage sont moins coùteux, car seule elle permet de substituer les fils de fer aux échalas. Les rayons du soleil échauffent plus facilement la terre et les ceps, et l'air y circule plus librement: toutes les opérations de la culture de la vigne y sont mieux et plus vite faites, notamment les apports d'engrais et d'amendements, la taille et la sortie des sarments, les labours, la vendange et l'enlèvement des raisins. Enfin, chaque cep, ayant le même espace pour étendre ses racines, acquiert une vigueur, une fertilité et une longévité plus grandes.

Elévation dès ceps.

On divise les vignes en hautains, en vignes moyennes et en vignes basses.

Des hautains.

Ce mode de culture consiste à planter, à des diatances plus ou moins grandes, des arbres sur lesquels on fait monter la vigne dont les sarments sont soutenus par les branches des arbres. Ces ceps sont taillés à coursons ou à long bois, selon les espèces, mais plus généralement à long bois, parce qu'on plante surtout des cépages vigoureux pouvant supporter la taille longue. Entre les arbres on cultive des céréales et des plantes fourragères.

Aujourd'hui on emploie plus particulièrement des arbres morts bien branchus, ou simplement de gros et longs pieux dans le haut desquels on creuse des trous où l'on insère des branches postiches,

Cette substitution des arbres morts aux arbres vivants est d'autant meilleure que leurs racines doivent affamer celles de la vigne.

C'est surtout dans les pays chauds que cette conduite de la vigne est pratiquée ; elle ne peut pas être adoptée dans le Centre et le Nord de la France, où les raisins mûriraient mal. La maturité n'est même jamais parfaite dans quelques-unes des contrées qui se livrent à cette culture ; aussi le vin provenant de hautains est-il généralement de mauvaise qualité. Cependant on trouve cette conduite de la vigne dans les départements de l'Aisne et de l'Oise. Dans ce dernier département, les vignes en hautains sont seulement cultivées dans les jardins et les vergers. Dans le département de l'Aisne, quelques communes cultivent seules les vignes en hautains ; et, à l'abandon total dans lequel on les laisse, soit sous le rapport des labours, soit sous celui de la taille, on peut conclure que ce mode de conduite de la vigne y a été adopté dans le but unique de se dispenser des soins de culture que cet arbrisseau exige lorsqu'il est tenu sur souches basses. Le vin produit par ces hautains est détestable.

Les hautains ont en outre le désavantage d'être infiniment plus exposés aux atteintes de l'oïdium que les vignes basses.

Des vignes moyennes.

Sous cette dénomination on range les vignes qu'en Savoie on nomme hautains morts, les treillages et les treillons de l'Isère, les treilles Sylvoz, et en un mot toutes les vignes dont les souches dépassent régulièrement une hauteur de 50 centimètres. Telles sont les vignes à cépages fins du Jura, du Haut-Rhin et de plusieurs autres départements. La hauteur des souches n'y est pas moindre de 60 centimètres et va souvent jusqu'à un mètre. Le vin des vignes moyennes est meilleur que celui des hautains, mais inférieur à celui des vignes basses.

Des vignes basses.

Les vignes basses sont celles dont la hauteur des souches ne dépasse pas 50 centimètres. En général, les vignes soumises à la taille courte sont des vignes basses.

Les vignes basses mûrissent mieux leurs fruits que les vignes moyennes et les hautains, parce que leurs raisins étant plus près de terre, sont davantage réchauffés par la réverbération des rayons solaires pendant le jour; et, pendant la nuit, la terre rend plus facilement aux raisins la chaleur quelle a reçue pendant l'insolation. C'est pour cela que, toutes choses égales d'ailleurs, les vignes basses produisent le meilleur vin; mais elles sont plus fortement atteintes par les gelées de printemps.

FORMES DIVERSES

DONNÉES AUX

CEPS TAILLÉS A COURTS BOIS

> On n'enfreint jamais impunément
> les lois de la physiologie végé-
> tale, qui sont immuables comme
> toutes les lois de la nature ; le
> sublime de l'art consiste à les
> étudier et à les suivre.
>
> (L'AUTEUR).

Les diverses formes de ceps usitées dans les département viticoles de France varient à l'infini. Il y en a de si étranges, de si extraordinaires, qu'il est impossible de comprendre les raisons qui ont pu les faire adopter.

Pour la description et le dessin de la plupart des formes de ceps adoptées dans les divers vignobles, j'aurai recours au rapport de M. Jules Guyot, qui a bien voulu m'en donner l'autorisation, rapports qu'il a adressés au Ministre de l'agriculture et du commerce, et qui sont la base du splendide ouvrage qu'il a publié (1).

_____

(1) *Etude des Vignobles de France,* par le docteur Jules Guyot. 3 vol. grand in-8, chez Victor Masson et fils, éditeurs à Paris.

Je ne saurais puiser à une meilleure source, car cet éminent viticulteur a étudié sur place les différents modes de taille et de conduite de la vigne; il les a décrits avec le remarquable talent d'observateur et de narrateur qu'on lui connaît; il a relevé les dessins de chaque forme de ceps et les a fait graver et intercaler dans le texte de son ouvrage.

l'Etude des vignobles de France est sans contredit le plus beau et le plus impérissable monument élevé à la viticulture française; tous les vignerons devraient posséder cet ouvrage, qui les initierait aux diverses méthodes de culture, de taille et de conduite de la vigne, leur permettrait de les comparer entre elles et les mettrait à même de changer ou de perfectionner leur manière de faire.

La forme la plus généralement adoptée pour les cépages taillés à coursons comme les Gamays, est celle usitée dans le Beaujolais, sauf quelques variantes, selon les localités. Chaque cep est dressé sur deux ou trois membres évasés en gobelet et au bout de chacun desquels on laisse, tous les ans, un courson ou crochet taillé à deux yeux. La hauteur de la souche varie, non seulement dans chaque contrée, mais encore d'une vigne à l'autre. Le climat, le terrain et l'exposition devraient servir de règle pour déterminer cette élévation; mais il n'en est pas ainsi la plupart du temps. Dans les vignobles sujets aux gelées printanières et dans le Midi, il convient de donner à la souche plus de hauteur que dans les contrées peu exposée à ce fléau.

Les vignerons du Beaujolais maintiennent leurs souches de 12 à 17 centimètres d'élévation jusqu'à la naissance des bras. Dans le Midi cette élévation est de 15 à 30 centimètres et le nombre des bras va parfois jusqu'à sept.

Fig. n° 3.

Souche du Beaujolais après la taille.

Les départements de l'Hérault et du Lot ont adopté la forme en gobelet et les vignes y sont bien conduites; mais les vignes du Lot produisent beaucoup moins

Fig. n° 4.   Fig. n° 5.

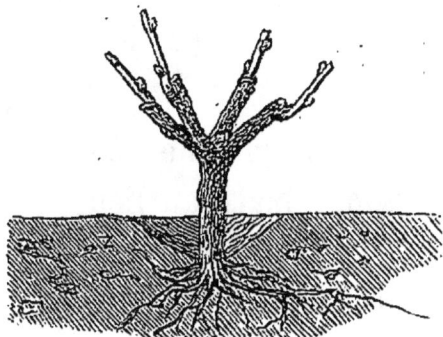 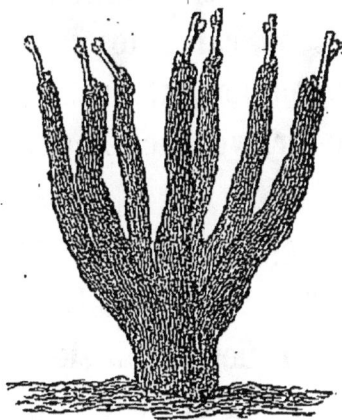

Souche de l'Hérault après la taille.   Souche du Lot après la taille.

que celles de l'Hérault, quoi quelles soient aussi bien

soignées. Cela tient à ce qu'elles sont complantées de cépages mi-fins, tels que les Cots qui, taillés à coursons, produisent peu; tandis que les vignes de l'Hérault, taillées de la même manière, donnent d'énormes récoltes dues à l'Aramon et au Terret-Bourret, qui sont d'une fertilité extraordinaire.

Dans la plus grande partie des vignobles, la vigne à court bois est conduite de même; mais l'ignorance des vignerons ou leur négligence font que chaque cep affecte une forme différente, et, le plus souvent, le cep est tellement mal dressé, que la sève éprouve les plus grandes difficultés dans son ascension, arrêtée qu'elle est par les sinuosités que décrit la souche et par les innombrables nodosités résultant d'une taille vicieuse.

La forme sur souche verticale avec bras évasés est une des meilleures pour la vigne taillée à coursons, car si les ceps sont montés droit et les bras convenablement évasés, si la taille est raisonnée, la sève arrive facilement dans toutes les parties du cep.

En Bourgogne, le Pineau franc, quoique cépage très-fin, est aussi taillé à coursons; mais, au lieu de se bifurquer en plusieurs bras, la souche ne porte en général qu'un courson taillé ordinairement à deux yeux, rarement à trois. Cette conduite de la vigne a été adoptée pour ne pas trop charger les ceps, ce qui nuirait, dit-on, à la qualité des excellents vins de cette province. Aussi la production moyenne du

Pineau n'y est-elle que de quatorze hectolitres à l'hectare.

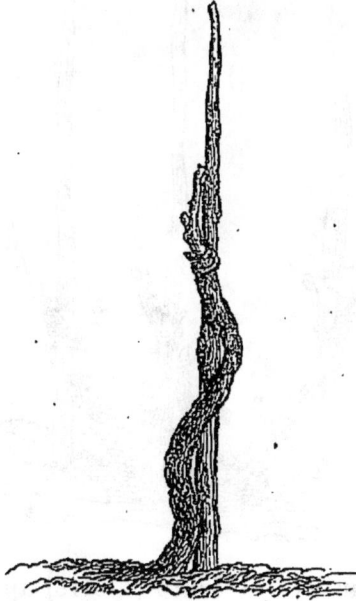

Taille du Pineau en Bourgogne.

Dans le Sancerrois, la vigne est formée sur deux ou trois bras très-courts; un ou deux inférieurs portant un courson à un ou deux yeux, et un bras supérieur au bout duquel on laisse un courson à trois ou quatre yeux.

A Pouilly-sur-Loire (Nièvre), on cultive la vigne sur trois, quatre et cinq bras, très-élevés, en forme de vase, et maintenus chacun par un échalas. Chaque bras porte trois coursons ; les deux inférieurs à un ou deux yeux et le supérieur à trois ou quatre.

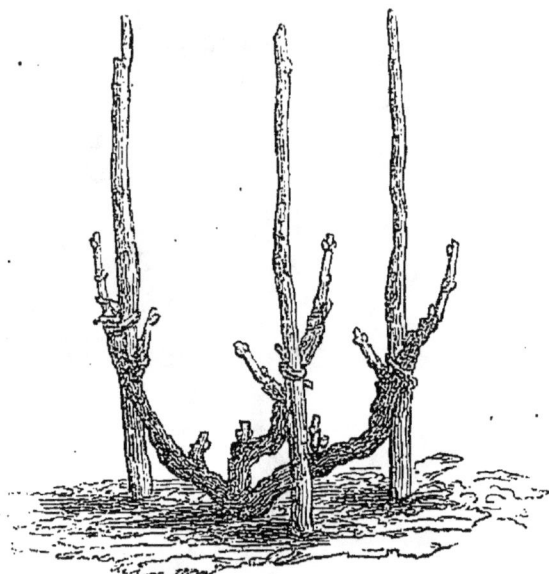

Souche de Pouilly-sur-Loire (Nièvre) après la taille

Dans le canton de Coulanges-la-Vineuse (Yonne), où l'on récolte des vins corsés, colorés et généreux, qui rivalisent par leur bonne qualité avec les troisièmes cuvées de la Côte-d'Or, on conduit les vignes d'une singulière façon. Les lignes sont à quatre-vingt-quinze centimètres les unes des autres et les ceps sont plantés à soixante-douze centimètres dans la ligne. Chaque cep est pourvu de quatre membres d'un mètre de longueur environ, traînant sur terre et relevés à leur extrémité au moyen d'un échalas auquel chacun d'eux est fixé. Chaque bras est

distant de dix-huit centimètres de son voisin, de telle
sorte que les quatre bras garnissent l'intervalle de
soixante-douze centimètres existant entre chaque
souche. Au bout de chaque bras, on laisse un
courson portant de deux à quatre yeux, selon la
vigueur du cep.

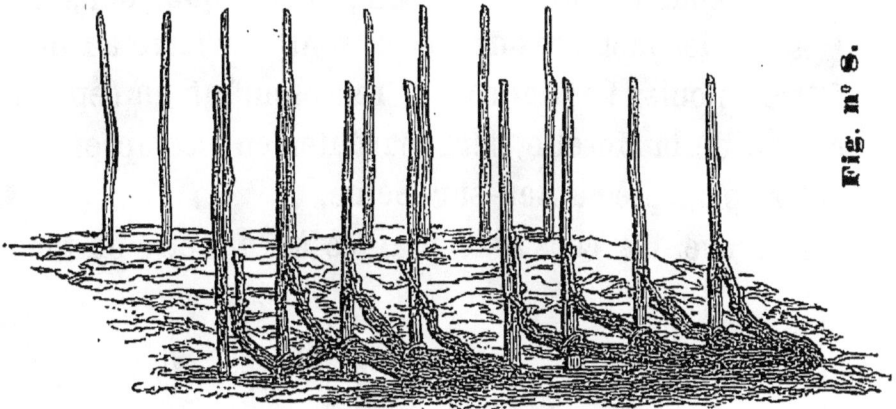

Fig. n° 8.

Mode de taille usitée à Auxerre, Chablis, Coulanges, Joigny et
Tonnerre, pour les cépages fins:

A Bar-sur-Seine on conduit la vigne à peu-près de
la même manière que dans certains vignobles de la
Moselle. Les ceps y sont plantés à un mètre de
distance les uns des autres en tous sens. Lorsqu'un
cep devient adulte, on lui laisse jusqu'à six membres
qui sont ensuite provignés de façon à ce que chacun
d'eux sorte de terre à égale distance de la souche
autour de laquelle ils rayonnent et forment un cercle
aussi symétrique que possible. Chaque bras porte un
courson à deux yeux pour les cépages grossiers, et à
trois ou quatre pour les plants fins, tels que le Pineau.
On a remarqué que les vignes les plus fertiles sont

celles dont la symétrie est la plus parfaite, soit pour l'écartement, soit pour la hauteur de chaque bras.

La seule différence qui existe entre cette conduite de la vigne et celle en *cuveau* de la Moselle, consiste en ce que, dans l'Aube, les membres de chaque cep sont enfouis dans terre jusqu'à l'endroit où ils en sortent pour former le cuveau ; tandis que, dans la Moselle, les membres des ceps sont sur terre au lieu d'être enfouis. La figure 12, représentant un cep en cuveau de la Moselle, fera parfaitement comprendre la forme adoptée à Bar-sur-Seine.

A Troye, les ceps sont plantés à un mètre en tous

Fig. n° 9.

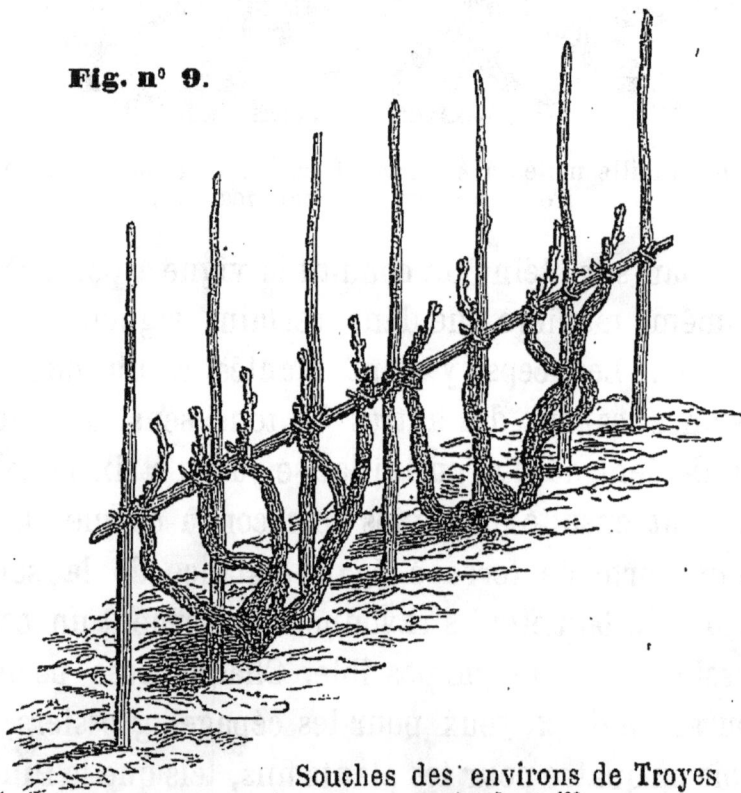

Souches des environs de Troyes
après la taille.

sens. A la quatrième année de plantation, on les dresse sur quatre ou cinq membres verticaux, de soixante-dix centimètres de longueur et dont on fixe l'extrémité sur une latte transversale supportée de distance en distance par de forts échalas. Chaque membre est séparé de son voisin par un intervalle égal de seize à dix-sept centimètres s'il y a cinq bras, et de vingt centimètres s'il n'y en a que quatre. Chaque membre porte à son extrémité un courson à deux yeux pour les plants grossiers et à quatre ou cinq pour les cépages fins.

Dans certains vignobles du département du Loiret, et notamment à Ladon, la vigne est plantée à quatre-vingts centimètres en tous sens, et formée en têtes de saule ou plutôt en champignons près de terre et d'où sortent tous les sarments fructifères sans bras ni membres apparents

Fig. n° 10. Fig. n° 11.

Taille en tête d'osier. Taille en champignon.
A Ladon (Loiret).

A Beaune-la-Rolande on forme aussi les ceps en têtes d'osier ; mais peu à peu on laisse sortir un certain nombre de membres très-courts, qui se terminent par un courson à deux yeux. Lorsque les ceps sont vigoureux on leur donne jusqu'à six bras.

On retrouve approximativement la même forme dans l'arrondissement de Provins (Seine-et-Marne).

Tout près de Metz, on donne à la vigne une forme dite *cuveau*, qui ressemble beaucoup à celle adoptée à Bar-sur-Seine et que j'ai décrite plus haut, si ce n'est que la tige et tous les membres sont au-dessus de terre, au lieu d'être enfouis comme à Bar. Une autre modification consiste en ceci ; à Bar on ne plante qu'une bouture, tandis que dans la Moselle, on en plante quatre dans une même fosse espacée en tous sens à 1 mètre 30 de ses voisines. On y laisse pousser les boutures pendant deux ans sans les tailler ; ensuite on rabat chaque cep près de terre, ce qui a pour effet de faire sortir un grand nombre de beaux sarments de la tête des souches. On conserve le plus fort sur chaque cep, on les abaisse tous horizontalement, en les disposant en un cercle aussi régulier que possible. Plus tard, et lorsque la vigne est adulte, on augmente le nombre des bras que l'on porte à huit pour chaque cuveau. Chaque bras finit par atteindre une longueur d'un mètre environ ; il est relevé à son extrémité et fixé à un échalas. On donne à chacun des bras un courson inférieur à deux yeux et un supérieur portant quatre boutons.

Quelques vignerons suppriment le courson inférieur.

Fig. n° 12

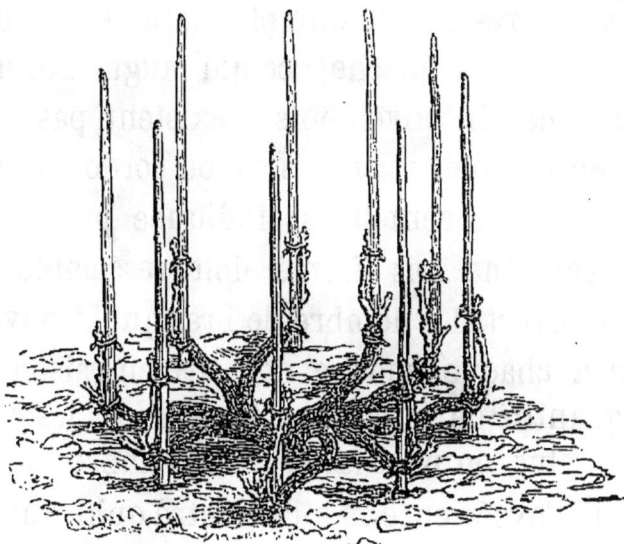

Cep en cuveau de la Moselle.

A Vouziers, dans les Ardennes, on recouche chaque
année la vigne à jauge ouverte, à 15 ou 20 centimètres
sous terre; on ne laisse qu'un sarment, deux au plus,
à chaque cep, et ce sarment est relevé hors de terre
et taillé ensuite à trois yeux. On trouve la même
culture à Argenteuil.

Un très-grand nombre d'autres formes sont
données aux ceps; mais comme elles se rapprochent
plus ou moins de celles que je viens de décrire, je les
passe sous silence.

Il me reste à parler de deux formes peu usitées
dans les vignobles et qui cependant me paraissent

présenter certains avantages surtout dans les vignes travaillées à la charrue et palissées sur fil de fer.

La vigne condúite à trois bras évasés en forme de gobelet ne permet pas à la charrue de raser les souches ; il reste donc une plus large bande de terre à travailler à la pioche, ce qui augmente la main d'œuvre ; ces inconvénients n'existent pas dans les formes en éventail et en fuseau ou cordon vertical.

La forme en éventail est indiquée par son nom, car le cep une fois formé doit ressembler à un éventail ouvert. Le nombre de bras qu'il convient de donner à chaque souche doit être en raison inverse de la quantité de ceps à l'hectare. Plus les ceps sont espacés, plus on peut laisser de membres aux ceps. Toutefois l'expérience m'a démontré qu'il vaut mieux en laisser moins que trop ; car, quand on les augmente outre mesure, la vigne ne donne que des petites grappes qui, par rapport à la grande quantité de rafles, rendent moins à la cuve, à poids égal, que de gros raisins, et en outre la vigne s'épuise plus vite. Les bras ne doivent pas être très-élevés, afin que la maturité soit plus complète. La hauteur qui me semble la meilleure est celle de 15 à 25 centimètres, selon le climat, le terrain et l'exposition. Je n'ai pas besoin d'ajouter qu'à l'extrémité de chaque bras il faut laisser un courson taillé à deux yeux.

La forme en fuseau, ou cordon vertical est celle que j'ai adoptée d'après les conseils de M. Trouillet, qui la pratique depuis longtemps, et la préfère à celle

en gobelet, que tout d'abord il recommandait
exclusivement, et à celle en éventail qu'il a essayée
également et à laquelle il a renoncé; j'y ai soumis
mes vignes depuis cinq ou six ans et je n'ai qu'à
m'en féliciter.

Fig. n° 13.

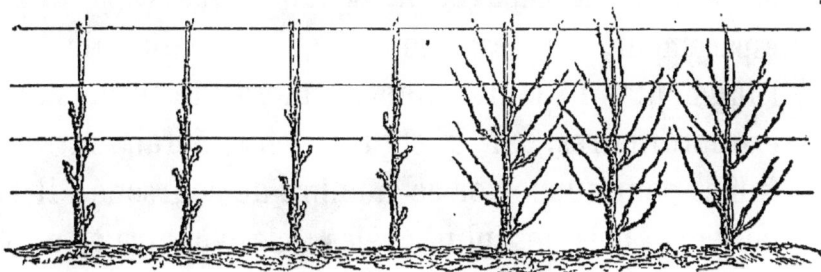

Ceps en fuseau ou cordon vertical, après et avant la taille.

Après la troisième année de plantation on peut
mettre en fuseau tous les ceps qui sont suffisament
forts, et c'est la majeure partie si la vigne a été
convenablement travaillée et fumée.

Pour ce faire, on choisit le sarment le plus beau et
le mieux placé, venu sur bois de l'année précedente
tous les autres sont supprimés. On éborgne les boutons
qui sont au-dessous de celui qui doit commencer le
fuseau. Ce bouton doit être à 10 ou 15 centimètres
au-dessus de terre; mais si la vigne est sujette aux
gelées printanières on prend le premier courson un
peu plus haut. On laisse ensuite un nombre de
boutons proportionné à la force du cep et l'on coupe
le sarment immédiatement au-dessous du bouton qui
vient après le dernier conservé. On fixe enfin le

sarment à un échalas ou au fil de fer, afin qu'il reste dans la position verticale.

Les années suivantes, on peut progressivement augmenter le nombre des coursons, sans jamais dépasser cependant celui que le cep peut raisonnablement porter.

Le nombre des coursons étant déterminé d'après la nature du cépage, la vigueur des ceps et leur espacement, il est bon de le maintenir sans l'augmenter ni le diminuer, à moins de circonstances extraordinaires. Si quelques ceps paraissent trop faibles pour supporter ce nombre de coursons, il faut tailler à bois les plus grèles, c'est-à-dire à un œil seulement, jusqu'au moment où ces souches auront recouvré leur vigueur. Si la plus grande partie des ceps a une chétive végétation, c'est que l'on aura laissé trop de coursons; il faut alors en diminuer le nombre sur tous les ceps et fumer fortement la vigne, afin de lui rendre sa vigueur primitive.

Je répète ce que j'ai déjà dit: il vaut mieux laisser moins de coursons que trop; car, comme disent les vignerons, la vigne se charge elle-même, et cela est parfaitement vrai si le cépage est bon. En laissant un trop grand nombre de coursons, on risque d'épuiser promptement la vigne, en lui faisant produire à la fois trop de bois et trop de fruits. En laissant toujours le même nombre de coursons, on ne dérange pas l'harmonie des ceps et on ne leur fait pas de grosses amputations toujours nuisibles à leur santé et à leur longévité.

Chaque année, à la taille, il faut avoir soin de tenir les coursons aussi rapprochés que possible de la souche.

Un très-habile viticulteur m'a fait une objection contre la forme en fuseau ; et comme je tiens à ne laisser aucun point de cette méthode obscur, même douteux, je vais répéter ici ce que je lui ai répondu et ce que la pratique confirme de plus en plus dans mes vignes.

Ce viticulteur me disait que la forme en fuseau serait excellente si la végétation, se portant toujours dans le haut des ceps, ne devait pas fatalement abandonner les coursons du bas qui ne développeraient plus alors que des sarments trop courts et trop grêles pour donner du fruit, et ces coursons périraient nécessairement à la longue, faute de sève.

Au premier abord, cette objection paraît bien fondée, et je ne serais pas étonné que beaucoup de viticulteurs partageassent les craintes qui m'ont été exprimées. Mais il n'en est pas ainsi dans la pratique, et grâce au rognage que je fais exécuter chaque année dans la seconde quinzaine du mois de juin ou dans la première du mois de juillet, selon l'état de la végétation, les bourgeons venus sur les coursons inférieurs sont aussi vigoureux que ceux du haut. Ce rognage rapidement exécuté se fait en coupant horizontalement, avec une petite faucille, tous les sarments à la même hauteur.

Après cette opération, les sarments sont de plus en plus longs à partir du courson le plus haut jusqu'au plus bas. Or tous les jardiniers savent que, lorsqu'on veut arrêter une branche qui s'emporte, il faut la pincer et laisser entières celles qui sont trop faibles afin de leur donner de la force. Le rognage que je pratique atteint ce but; la vigueur des sarments du haut est modérée par un rognage court, tandis qu'elle est favorisée progressivement en descendant, les pampres étant de plus en plus longs jusqu'à ceux du bas qui ont la plus grande longueur.

La pratique confirme parfaitement ici la théorie. Aussi les sarments de mes ceps sont-ils à peu près tous d'égale force, ou tout au moins s'il y en a parfois de faibles, cela tient à d'autres causes et on les trouve aussi bien dans le haut du cep, ou au milieu, que dans le bas. Si cet inconvénient existait réellement dans le cordon vertical, les meilleurs cultivateurs de Thomery n'y soumettraient pas leurs chasselas, et c'est cependant la forme que l'on y préfère aujourd'hui.

M. Rose Charmeux, qui a fait un excellent ouvrage sur la culture du Chasselas, conseille, il est vrai, de ne pas dépasser deux mètres de hauteur pour le cordon vertical, sous peine de voir les ceps se dégarnir à la base. Je le conçois très-bien pour une hauteur dépassant deux mètres; mais puisque cet intelligent viticulteur fait des cordons de deux mètres sans que les ceps se dégarnissent à la base, à plus forte raison ne doit-on pas avoir une appréhension pareille pour des fuseaux ayant à peine une hauteur de 40 centimètres.

On fait encore contre la forme en fuseau, une autre objection que je veux réfuter. On dit que, sur les cordons verticaux, les raisins étant, pour ainsi dire, étagés, ceux du haut ne peuvent mûrir aussi hâtivement que ceux placés près du sol, et que ces derniers sont mûrs quand les plus élevés auraient besoin de rester encore quelques jours sur le cep pour compléter leur maturité.

Il semblerait, en effet, qu'il en doit être ainsi; mais j'affirme que, dans mes vignes, je n'ai jamais reconnu la moindre différence dans la maturité des raisins de mes ceps en fuseau. J'ajoute que M. Trouillet a fait des expériences sérieuses et réitérées, desquelles il résulte que, jusqu'à 50 centimètres d'élévation, les raisins du haut mûrissent aussi vite et aussi bien que ceux placés à la base des ceps. Il a placé des thermomètres superposés à dix centimètres les uns au-dessus des autres, et il a constaté que, jusqu'à une hauteur de 50 centimètres, la chaleur était la même. Au-dessus de 50 centimètres, la chaleur commence à décroître, mais lentement; ce n'est qu'au-dessus d'un mètre que cette décroissance s'accentue d'une manière un peu rapide.

Si cette différence dans la maturité des divers raisins des ceps en cordon vertical était réelle, elle existerait dans les treillons de l'Isère, et sur les ceps en cordon horizontal de M. Gazenave, à la Réole, et de M. Marcon, à la Mothe-Montravel (Voir la figure 33), dont les branches verticales ou obliques ont une longueur qui varie de 50 centimètres à 1 m. 20, et

M. Guyot n'aurait pas manqué de le constater dans *l'Etude des vignobles de France*. Or, loin de constater cette maturité inégale, le docteur Guyot s'exprime ainsi au sujet des branches à fruit portées par les cordons horizontaux de MM. Cazenave et Marcon : « Les raisins des extrémités des hastes mûrissent aussitôt que les raisins rapprochés du cordon, et les degrés gleucométriques de leurs moûts sont absolument semblables à ceux des moûts des vignes voisines (1). »

La forme en cordon vertical, en pleine vigne, n'est, jusqu'à présent, je crois, adoptée que par M. Trouillet, à Montreuil-sur-Seine, par M. le baron de Zuilen, dans le Var, et par moi ; et malgré la réprobation dont la frappe, au point de vue des vignobles, un très-éminent viticulteur, je n'en persiste pas moins à penser que c'est la meilleure de toutes.

Par la position verticale laissée au ceps, cette conduite de la vigne me paraît la plus conforme aux lois de la physiologie végétale. La sève se répartit plus facilement et plus également dans les coursons des ceps en fuseau que dans les ceps taillés en gobelet, si de grands soins n'ont pas présidé à leur formation. On conçoit très-bien que si, parmi les membres des eps en gobelets, il y en a qui sont contournés, qui, au lieu de s'élever presque verticalement, s'abaissent vers le sol, comme cela se voit souvent, la sève n'y arrive pas en aussi grande abondance et n'y circule pas aussi facilement que dans les membres verticaux.

---

(1) *Etude des Vignobles de France*, tome 1, page 480.

Dans la forme en fuseau cet inconvénient n'existe
pas, car tous les coursons sont à égale distance et très-
rapprochés de la souche ; aussi la sève y circule-t-elle
sans encombre et se répartit-elle également dans
chacun d'eux. La formation du cep est plus facile et
la taille est d'une simplicité telle, qu'après un quart
d'heure de leçon, le premier ouvrier venu peut la
pratiquer convenablement. Enfin les ceps n'étant
jamais tortueux et n'ayant pas ces innombrables
nodosités que l'on voit sur les souches de la plupart
des vignes, la sève y circule plus librement et
contribue à maintenir leur vigueur et leur
fertilité.

Cette conduite de la vigne offre encore un avantage
que je dois signaler : c'est que si, après un certain
nombre d'années et par suite des tailles successives,
les canaux séveux s'oblitèrent au point de trop
entraver la circulation de la sève et de diminuer les
produits dans une notable proportion, il est facile de
rabattre la souche sur le sarment le plus bas et de
former un nouveau fuseau qui restera longtemps
vigoureux et fertile.

Formes diverses données aux ceps taillés à longs bois.

J'aborde maintenant les diverses formes adoptées

dans les vignobles pour les cépages mi-fins et fins taillés à longs bois.

La forme la plus usitée consiste en une souche verticale plus ou moins élevée, ayant une branche à fruit décrivant un quart, un tiers, moitié ou trois quarts de cercle, ou même un cercle entier, avec ou sans courson de remplacement. Dans certains vignobles, les branches à fruits, au lieu d'être arquées, reçoivent une position horizontale, oblique ou verticale. On trouve, en effet, dans presque tous les départements cette conduite de la vigne.

Fig. n° 14.

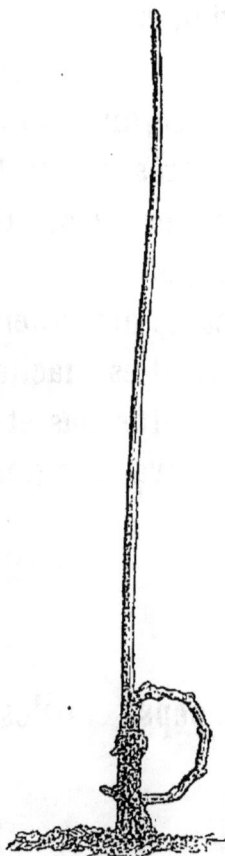

Branche à fruit recourbée en demi-cercle.

Fig. n° 15.

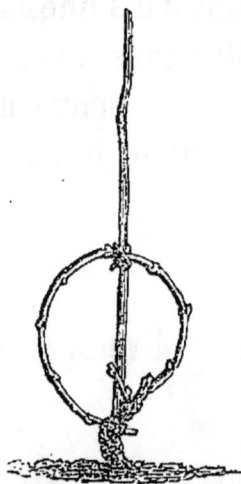

Branche à fruit en couronne ou cercle entier.

Selon les localités, la branche à fruit prend les noms de vinouse, haste, courgée, arquet, pleyon, pissevin, couronne, archelet, queue, viette, taille, arçon, chièvre, verge, vinée, etc...

A Rully (Saône-et-Loire) on conduit les Pineaux sur deux membres, l'un vertical et peu élevé, au bout duquel on laisse un courson, l'autre presque horizontal s'allongeant d'année en année jusqu'à atteindre une longueur d'un mètre au moins, et portant à son extrémité une branche à fruit formant les 3/4 d'un cercle et fixée par deux liens à un échalas. Lorsque le membre horizontal a une trop grande longueur, on le supprime, et l'on prend sur le membre vertical un sarment pour former une nouvelle traîne.

Fig. n° 16.

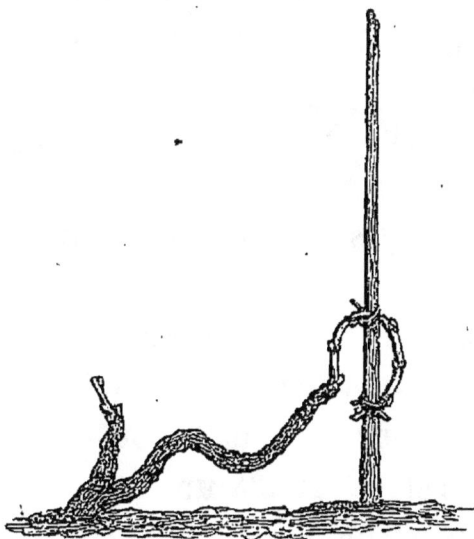

Taille à longs bois de Rully (Saône-et-Loire).

A Pouilly (même département), on conduit le Pineau blanc ou Chardonay de la manière suivante :

Sur une souche basse on prend d'abord un courson, puis, plus haut, un long bois ou queue que l'on courbe en demi-cercle et dont le bout est piqué en terre comme le Versadi, figure 2. On retrouve cette même conduite de la vigne à Château-Thierry (Aisne).

Parfois, si le cep est vigoureux, on donne deux queues à chaque souche ; elles sont alors croisées sur le cep et attachées à deux échalas, au lieu d'être fichées en terre.

A Semur (Côte-d'Or), à Auxerre, à Chablis et à Orléans, on voit des ceps conduits à peu près comme on le fait à Coulanges-la-Vineuse pour les cépages grossiers, c'est-à-dire à quatre, cinq et même six membres atteignant parfois une longueur de quatre mètres, traînant d'abord sur terre, puis s'élevant progressivement jusqu'à une perche horizontale sur laquelle ils sont attachés. A l'extrémité de chaque membre les vignerons laissent une verge de cinq à six yeux.

A part la branche à fruit de cinq ou six yeux, cette conduite de la vigne est la même que celle pratiquée à Coulanges-la-Vineuse (Yonne). (Voir la figure n° 8.)

A Bar-sur-Aube, on ne laisse aux ceps qu'un membre s'allongeant successivement au point d'atteindre souvent une longueur de 1 mètre 50 et qui, comme les précédents, s'élève jusqu'à un mètre, hauteur à laquelle on le fixe sur un échalas. On laisse à son extrémité une branche à fruit pliée en cercle entier. Plus bas le vigneron conserve un courson d'attente qu'il n'utilise, pour remplacer la branche à fruit, que lorsqu'il y est forcé par l'absence d'un beau sarment pour remplacer la couronne.

Dans certains vignobles des Riceys (Aube), on conduit la vigne à peu de chose près comme à Pouilly (Saône-et-Loire). Les ceps y sont formés sur souche verticale portant un courson de remplacement dans le bas, et ayant à son extrémité une branche à fruit recourbée en demi-cercle allongé, et dont le bout est enfoncé en terre, comme pour le Versadi.

Dans l'Orléanais, ainsi que je l'ai dit, on forme, dans quelques vignobles, les ceps en champignon près de terre, et on leur donne souvent, outre un courson de remplacement, une branche à fruit de 30 à 40 centimètres.

A Jargeau et à Châteauneuf, on laisse pousser sur le champignon un ou deux bras portant une branche à fruit en anneau, et autant de coursons de remplacement sur le champignon.

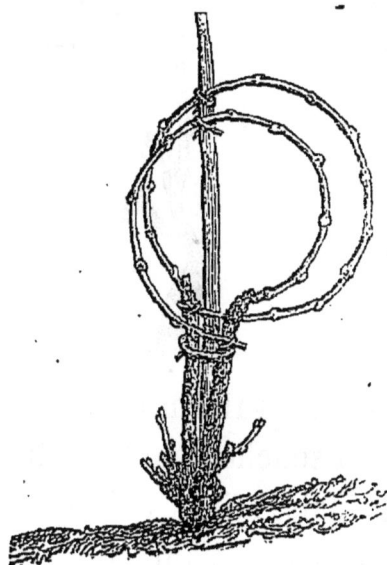

Fig. n° 13.

Forme en champignon avec deux branches à fruit en couronne.

A la Gaude, à Saint-Paul et à la Colle, dans le Var, les souches sont montées verticalement jusqu'à 35 ou 40 centimètres de hauteur. Là elles sont solidement attachées à une perche horizontale, et, chaque année, on prend à l'extrémité une branche à fruit courbée en quart de cercle et dont le bout est ramené sur la même perche à laquelle il est fixé.

Cette conduite de la vigne, qui a une certaine analogie avec celle usitée dans le Médoc, est également pratiquée dans le Doubs, dans la Haute-Saône et dans plusieurs autres départements.

Certains vignerons du département de Vaucluse conduisent leurs vignes de Sirrah en treille à deux bras horizontaux portant chacun deux coursons, et, à leur extrémité, une branche à fruit renouvelée tous les ans. On les conduit de même dans les vignobles près de l'Argentière.

MM. Servan frères, lauréats de la prime d'honneur à Beauséjour (Drôme), forment leurs ceps de

Fig. n° 18.   Taille de la Sirrah, à Beauséjour (Drôme)

Sirrah comme à l'Hermitage, en laissant à l'extrémité de la souche une branche à fruit portant quatre boutons. Mais, mieux avisés, ils conservent un courson de remplacement qui leur permet de laisser leurs ceps plus bas que dans ce célèbre vignoble, ou l'absence de courson de retour oblige à élever rapidement les souches.

On retrouve la même taille, appliquée aux cépages grossiers, dans les départements de la Meuse et de la Meurthe-Moselle.

Dans les environs de Grenoble on monte la vigne sur deux bras, avec un arçon de six ou huit yeux sur l'un, et un courson à deux yeux sur l'autre. Le bras sur lequel a été laissé le courson, porte l'arçon l'année suivante. Au contraire, on donne le courson au bras qui portait l'arçon l'année précédente, et chaque année on alterne.

Dans le même département, on cultive la vigne en *lisses basses* ou treillons et en treillages. Je les décrirai un peu plus loin.

A Vernon (Eure), on plante de 24 à 28,000 ceps à

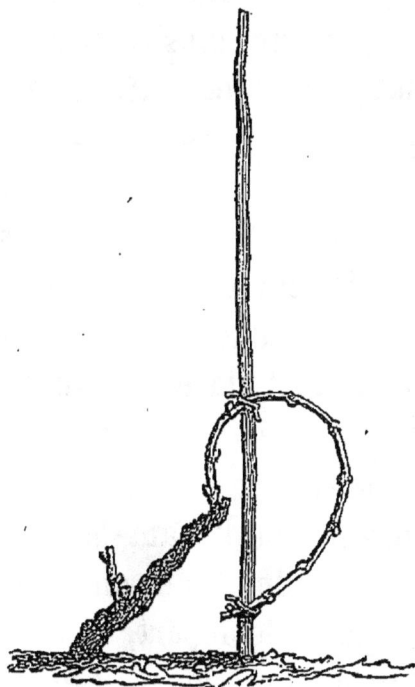

Fig. nº 16.

Taille à longs bois dans l'Eure

l'hectare. La ligne est soigneusement maintenue, malgré que la vigne y soit provignée tous les six ans. Les ceps sont munis d'un courson à 12 ou 15 centimètres de terre et portent à leur extrémité supérieure un arçon de huit à dix yeux recourbé en 3/4 de cercle, la pointe en bas, et fixée par deux liens à un grand échalas de près de deux mètres de longueur.

A Vienne, Côte-Rôtie et Condrieu, les lignes sont distantes d'un mètre et les ceps sont à soixante-six centimètres les uns des autres dans les lignes. Les souches verticales portent un courson de retour avec un arçon courbé en demi-cercle et dont le bout est ramené près de terre. Chaque cep est muni de deux échalas, l'un, de 2 mètres 60 de longueur, piqué dans terre au pied du cep, sert à maintenir la souche et les sarments; l'autre, beaucoup plus petit, est attaché obliquement sur le grand, et l'arçon y est fixé près de terre.

Dans plusieurs vignobles de la Haute-Marne, on conduit la vigne d'une manière à peu près semblable à la méthode type du docteur Guyot.

Sur une souche basse on conserve un courson à deux yeux et une branche à fruit placée horizontalement et dont l'extrémité est attachée à un échalas. L'année suivante, on supprime sur la branche à fruit tous les sarments, sauf le dernier ou l'avant-dernier, suivant que l'un ou l'autre est le plus beau; on le courbe afin de le ramener à son point de départ, où on l'attache à l'échalas piqué au pied de la souche; c'est la nouvelle branche à fruit. Certains vignerons conservent même les deux premières branches à fruit et en prennent une nouvelle sur celle de l'année précédente, en supprimant tous ses sarments, sauf celui qu'ils couchent horizontalement.

Enfin ils suppriment, l'année suivante, toutes les branches à fruit et ils choisissent le plus beau sarment venu sur le courson, afin d'en faire une nouvelle branche à fruit.

Fig. nº 20.

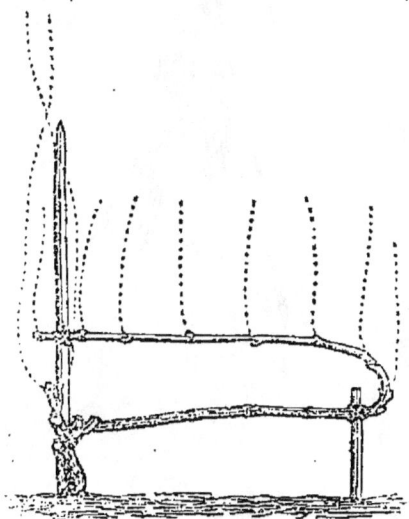

Taille à long bois, dans la Haute-Marne.

Dans le Haut-Rhin, la vigne est conduite d'une manière très-intelligente; aussi la production moyenne y est-elle égale, sinon supérieure à celle de tous les autres départements.

Les ceps, ou plutôt les groupes de ceps sont plantés depuis 0 mètre 80, jusqu'à 1 mètre 30 en tous sens.

J'ai dit les groupes de ceps, car trois boutures sont

Fig. n° 31.

Taille à long bois dans le Haut-Rhin.

plantées dans le même trou pour former trois ceps

dont la tige s'élève depuis 0ᵐ 60 jusqu'à un mètre
au-dessus du sol. Ces trois souches sont solidement liées à un fort échalas de trois mètres au
moins, et la ligature prend les ceps un peu au-dessous
de leur extrémité supérieure, qui sont rabattues
horizontalement et portent chacune une courgée de
0 mètre 75 à 1 mètre 25, courbée en demi-cercle et
dont le bout est fixé à l'échalas à vingt centimètres
du sol. Les bourgeons inférieurs qui naissent sur la
courgée sont pincés en juin à deux feuilles au-dessus
de la dernière grappe, ainsi que le recommande le
docteur Guyot. Les deux ou trois bourgeons
supérieurs montent le long de l'échalas auquel ils
sont attachés, et, l'année suivante, on choisit le
meilleur pour en faire une nouvelle courgée en
remplacement de l'ancienne que l'on supprime.

Quelques vignerons, au lieu de planter trois ceps
ensemble, n'en plantent qu'un, auquel ils ménagent
trois membres qui sont taillés comme les trois ceps
plantés dans le même trou. On a constaté qu'un seul
cep était plus vigoureux et plus fertile, malgré la
grande production et la grande arborescence
auxquelles on le soumet, que trois ceps ne donnant
chacun que le tiers de ce que l'on exige du cep unique.

La même forme de cep existe dans la plupart des
vignobles du Bas-Rhin, jusqu'à Vissembourg. Là on
trouve la méthode de la Bavière-Rhénane. Cette
méthode, aussi incommode que coûteuse, y est
désignée par le nom de Kammerbau.

Le Kammerbau s'établit ordinairement ainsi:

On divise l'étendue de la vigne en planchés de 4 mètres de largeur sur 5 mètres 40 centimètres de longueur et séparées les unes des autres par de petits fossés. Dans chaque planche on plante transversalement trois piquets en bois, séparés les uns des autres par des intervalles de 1 mètre 40 centimètres. Dans le sens longitudinal, on plante six piquets à un intervalle de 0^m 84 centimètres les uns des autres ; ces pieux, qui ont 1 mètre 30 de longueur, sont enfoncés en terre de cinquante centimètres.

Sur les trois pieux transversaux, on place des traverses de 4 centimètres carrés et solidement fixés sur ces pieux. Sur ces traverses on en fixe longitudinalement d'autres qui se croisent avec les premières au-dessus de chaque pieu. Puis, de chaque côté de ces dernières, on en place une autre à vingt centimètres de distance. On a ainsi une véritable charpente formant un berceau plat à 0 mètre 80 au-dessus du sol. Des ceps sont plantés entre chaque pieu, au-dessous des traverses ; on leur laisse deux bras portant chacun un courson de remplacement et une longue branche à fruit, que l'on palisse sur les traverses le long desquelles les bourgeons courent et se fixent au moyen de leurs vrilles. Chaque planche forme dix carrés vides d'environ quatre-vingts centimètres à un mètre de longueur sur environ cinquante centimètres de largeur.

On voit de suite l'extrême complication de cette méthode et combien la culture du Kammerbau présente de difficultés.

Le vigneron est obligé de passer sous la charpente pour travailler la vigne; et, si j'ajoute que,
dans les carrés, on cultive toutes sortes de légumes,
et que les fossés sont pleins d'herbes que l'on fauche
pour la nourriture du bétail, on se fera une idée du
mérite de cette méthode.

Dans les cantons de Chantelle et de Saint-Pourçain
(Allier), on conduit les vignes à raisins blancs sur des
espèces de berceaux qui ont de l'analogie avec le
Kammerbau, mais dont l'etablissement est moins
coûteux, car on y emploie du bois brut; des ron-
dins.

Dans les diverses formes de ceps que j'ai décrites,
j'ai parlé du cuveau de la Moselle. Pour les cépages
grossiers, chaque membre porte à son extrémité,
ainsi que je l'ai dit, un courson taillé à deux yeux.
Mais pour les cépages mi-fins et fins, chacun des
bras est muni d'une branche à fruit courbée en cercle
entier et fixée à l'échalas qui soutient le membre.

Une très-singulière conduite de la vigne est celle
pratiquée à Chissay (Loir-et-Cher), et décrite par M.
Jules Guyot. Voici en quoi elle consiste: On plante
les ceps à deux mètres les uns des autres dans la
ligne et à six ou sept mètres dans l'autre sens.
Lorsque les ceps sont adultes, on leur donne successivement deux et le plus souvent trois bras principaux
fournis par les branches à fruit qu'on leur laisse. Ces
membres principaux sont d'année en année prolongés

jusqu'à ce qu'ils atteignent 5 à 6 mètres de longueur,

Fig. n° 22.

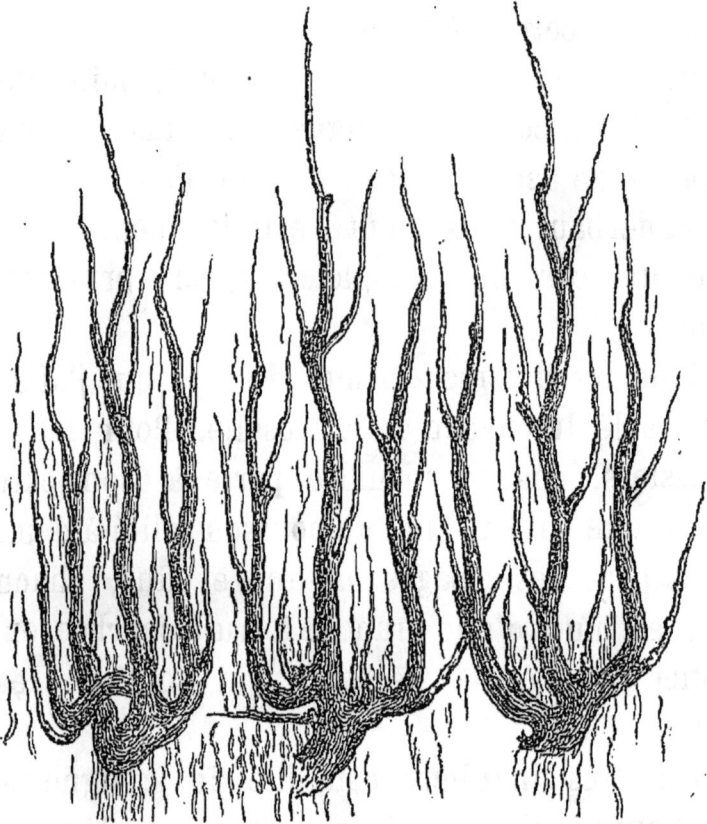

Vignes en chaintres, à Chissay (Loir-et-Cher)

et l'on conserve des branches à fruit et des coursons de distance en distance sur chaque bras. Au bout d'un certain nombre d'année, les bras principaux sont abattus et renouvelés. Chaque souche peut porter de dix à quinze verges de 1 mètre à 1 mètre 50 de longueur. Les ceps, au lieu d'être palissés sur lattes ou fils de fer, rampent à terre; mais à partir du moment où la végétation commence, on les supporte sur de petits piquets fourchus jusqu'à la vendange. Alors, pour travailler la terre sur laquelle repose chaque souche, on détourne tous les bras des ceps de manière à découvrir le terrain qui n'a pas été travaillé et on lui donne les façons nécessaires jusqu'au moment de la végétation; ensuite on les remet à leur place.

Les méthodes adoptées par M. Silvoz en Savoie, par M. Cazenave à la Réole, et par M. J. Marcon à la Mothe-Montravel, ainsi que les Treillons de l'Isère, me paraissent bien préférables aux chaintres de M. Denis de Chissay.

Dans certains départements, on dresse la vigne sur une souche plus ou moins élevée selon les circonstances locales, et on lui donne une ou deux branches à fruit relevées ou abaissées obliquement, ou encore verticale selon les lieux.

Dans les Palus de Libourne, on donne généralement trois hastes et trois coursons de retour à chaque cep. Chaque haste ou branche à fruit affecte une forme différente; cependant, les vignerons en placent ordinairement deux dans une position horizontale ou légèrement oblique, et ils font décrire à la troisième un quart ou un tiers de cercle pour

la rattacher, au-dessus du cep, à l'échalas destiné à
le soutenir.

Fig. n° 23.

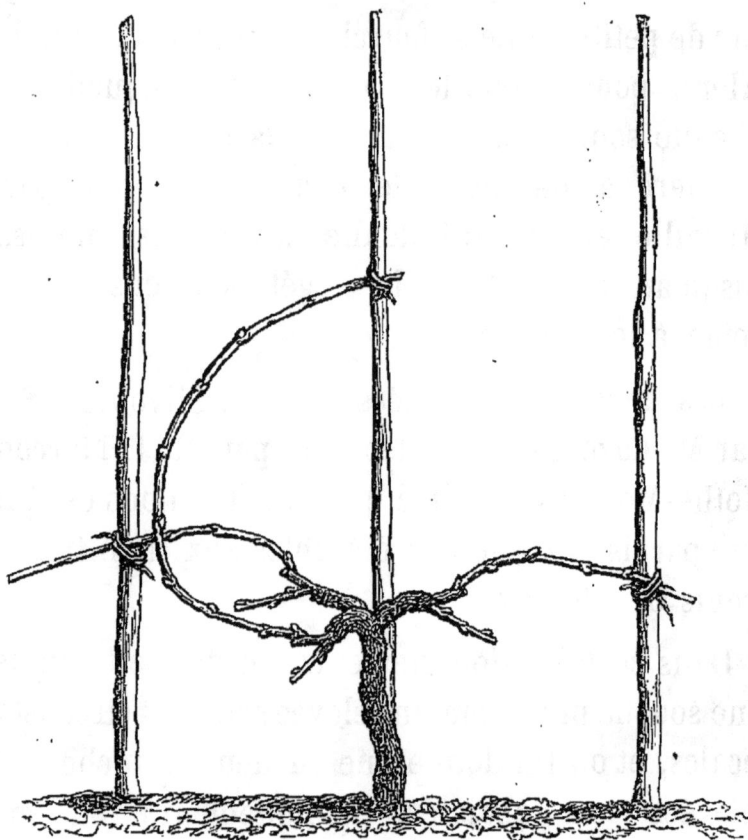

Forme des ceps dans les Palus de Libourne.

Dans le Médoc, la taille est très-simple. Sur une
souche de quinze centimètres de hauteur environ, on
prend deux bras de 30 à 40 centimètres de longueur
chacun et élevés à un angle de 45 degrés pour être
attachés sur une latte horizontale. Chaque bras
porte une branche à fruit ou haste arquée en dessus
et venant se rattacher à la latte. A chaque haste on
laisse les trois ou quatre premiers boutons les plus

rapprochés du bras et l'on éborgne les plus éloignés, car le prolongement de la branche à fruit ne sert qu'à la fixer sur la latte. Lorsqu'on le peut, on ménage un courson sur chaque bras, afin de le renouveler lorsqu'il s'allonge trop ; et lorsque la souche est trop vieille et trop élevée, les vignerons ont soin de conserver un sarment, lorsqu'il en naît sur le pied de la souche; ils le taillent à un œil seulement, pour le mieux faire développer et avoir un beau sarment par lequel ils remplacent la souche qu'ils rabattent au printemps suivant.

La seule critique que l'on puisse se permettre sur

Fig n° 24.　　　　　　　Fig. n° 25,

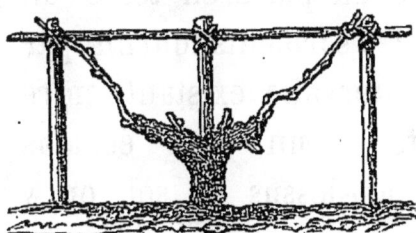

Souche du Médoc, âgée de 15 ans environ.　　　Souche du Médoc âgée de 35 ans environ.

cette excellente méthode de conduite de la vigne, a trait au système bilatéral. On sait, en effet, que dans ce système, chaque bras doit avoir une force égale, sous peine de voir anéantir le plus faible par le plus vigoureux. La taille doit donc être pratiquée avec une grande intelligence, afin de bien équilibrer la sève et de maintenir dans chaque bras une vigueur égale. Or il est rare de trouver des vignerons connaissant assez bien la taille et assez soigneux pour éviter cet écueil.

Il me semble donc que le système unilatéral est préférable..

Je laisse, sans les décrire, une grande quantité d'autres formes données aux ceps taillés à long bois et j'arrive à la méthode type du docteur Jules Guyot. Voici en quoi elle consiste: Les ceps sont plantés à un mètre en tous sens. Lorsque les ceps sont suffisamment forts, ce qui arrive à la troisième ou quatrième année, on choisit un beau sarment que l'on couche horizontalement et auquel on laisse une longueur proportionnée à la force du cep. On supprime tous les autres sarments, hormis un que l'on taille à deux yeux et qui doit, l'année suivante, fournir une autre branche à fruit et un courson de retour.

Au pied de chaque souche on place en terre un grand échalas pour soutenir les sarments fournis par le courson. Au milieu de l'intervalle existant entre chaque cep, on fiche en terre un petit échalas sortant de 40 centimètres au-dessus du sol, on y attache la branche à fruit au moyen d'un osier, et, à l'aide d'une pointe à crochet, on fixe sur son sommet le fil de fer qui va d'un bout de la ligne à l'autre et sur lequel devront être palissés les bourgeons de la branche à fruit.

Aussitôt que les bourgeons de la branche à fruit se sont suffisamment développés et que l'on en aperçoit bien les raisins, on les pince à deux feuilles au-dessus de la plus haute grappe, puis on les palisse sur le fil de fer. Quant aux sarments venus sur le courson, on les attache verticalement au grand échalas.

Tous les bourgeons sortis sur le vieux bois, ou qui ne sont pas nécessaires à la taille suivante, doivent être supprimés.

Au mois de juillet on doit rogner les sarments verticaux à 1 mètre 30 environ.

Fig. nº 26.

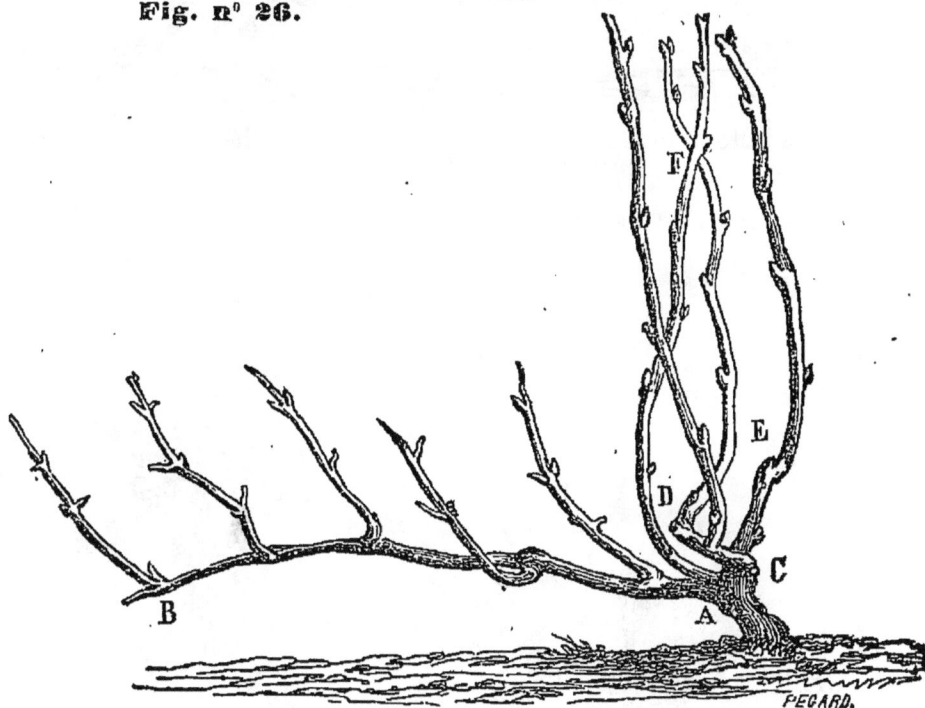

Souche adulte avant la taille sèche. — AB, branche à fruit après récolte ; CD, branche à bois.

Fig. nº 27.

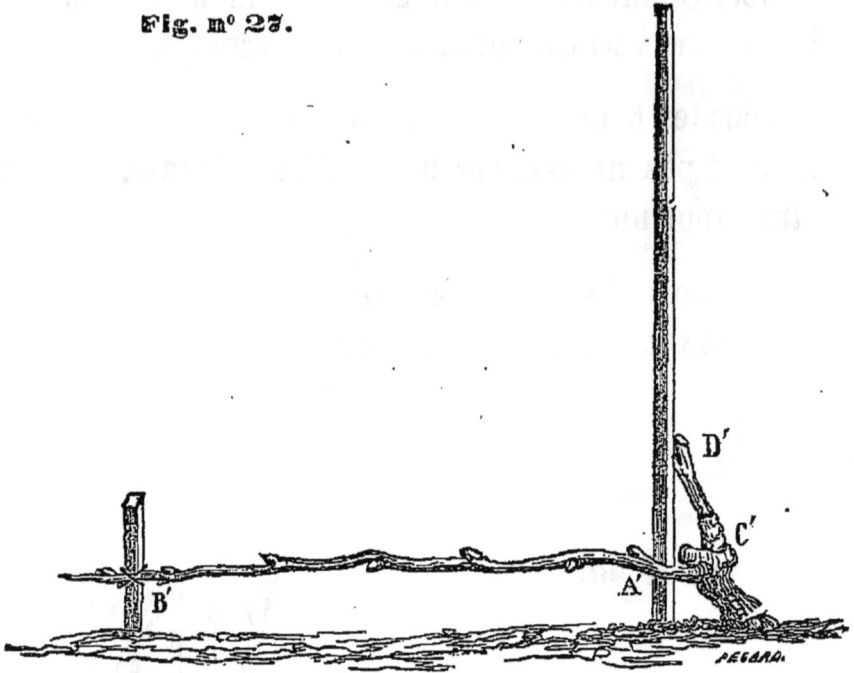

Branche adulte après la taille sèche. — A'B', branche à fruit avant les feuilles ; C'D', branche à bois.

Fig. nº 28.

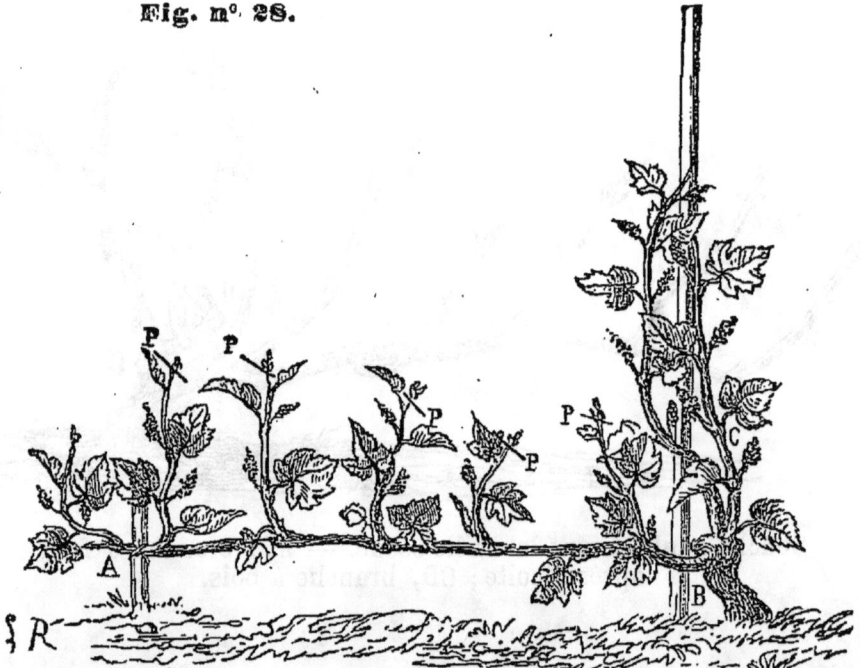

Cep en végétation du 15 mai au 15 juin. — AB, branche à fruit ; PPPPP, points où il faut pincer.

Palissage de la vigne en pleine végétation, sur petits et grands échalas et sur fil de fer.

Fig. nº 30.

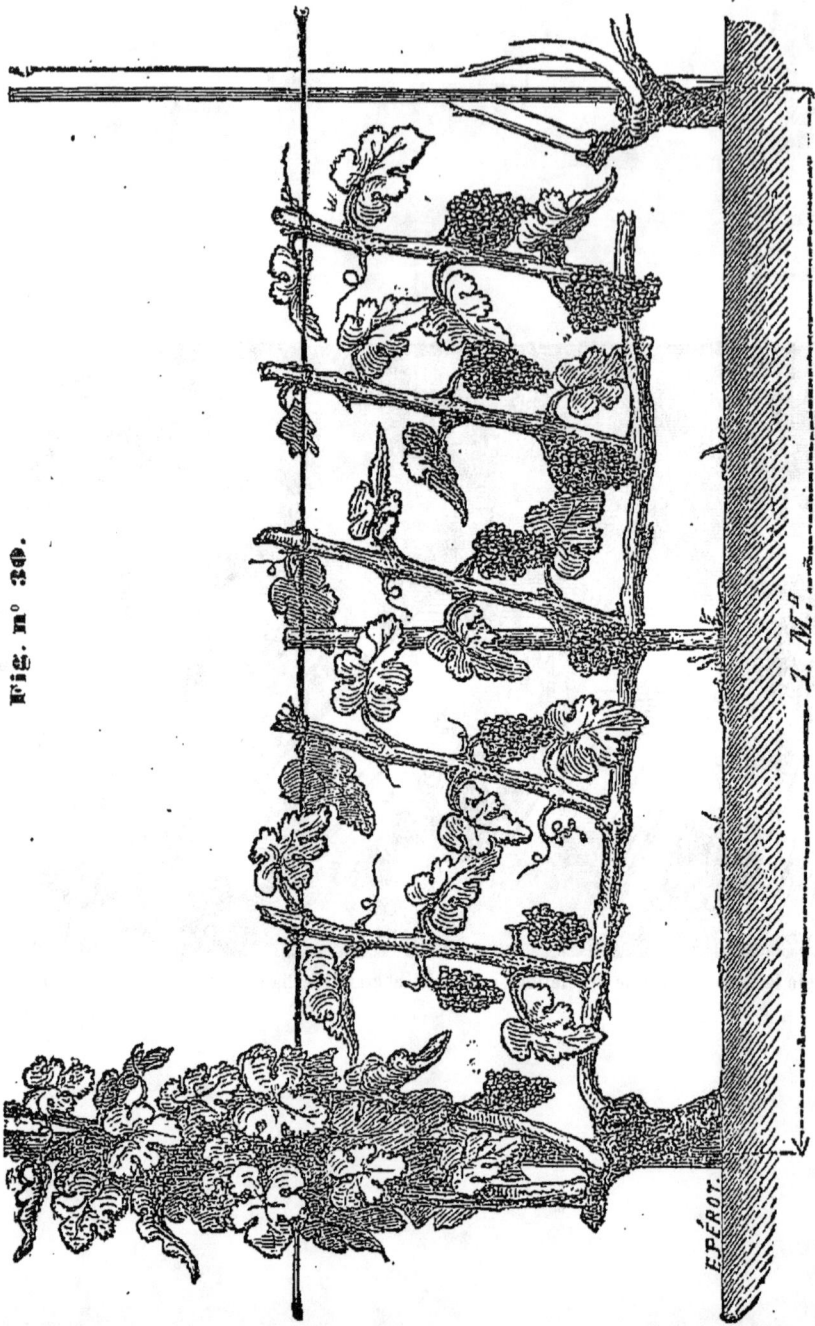

Vue d'un cep palissé, épampré et pincé au mois d'août, avec son grand échalas, son petit échalas et son fil de fer.

2 M.

E.PÉROT.

L'année suivante, la branche à fruit est coupée près de la souche et remplacée par le plus beau sarment fourni par le courson, et toujours, si cela est possible, par le plus haut, afin de ne pas trop élever la souche, qui ne doit avoir que 15 centimètres de hauteur.

Telle est la méthode recommandée par le docteur Jules Guyot; méthode excellente, rationnelle, très-simple et facile à pratiquer.

M. Jules Guyot a érigé en principe la distance d'un mètre à laisser entre chaque cep dans la ligne. Il me semble que cet espacement ne doit pas être le même dans toutes les circonstances.

Sous le climat du Midi où la maturité est précoce et s'accomplit toujours parfaitement; si le terrain est bon et que l'on espère sur un cépage à riche végétation, la distance d'un mètre n'est peut-être pas trop grande. Mais sous le climat du Centre, de l'Est ou du Nord où la maturité, plus tardive, est parfois incomplète; si le cépage est de moyenne ou de faible végétation, il est prudent de rapprocher les ceps dans la ligne, afin de ne pas épuiser la vigne et de permettre aux raisins d'atteindre leur maturité normale, ce qui n'aurait pas lieu avec des branches à fruit d'un mètre de longueur et chargées d'un grand nombre de grappes.

M. Guyot conseille, il est vrai, de ne laisser sur chaque branche à fruit que le nombre de grappes que le cep peut raisonnablement porter, et d'abattre toutes les autres. Mais combien y a-t-il de vignerons qui se décideraient à mettre en pratique un aussi sage précepte et à supprimer une partie de leur récolte? Je sais que les horticulteurs de Montreuil agissent ainsi pour leurs pêchers en espaliers, sur lesquels ils suppriment une bonne partie des fruits, de manière à procurer à ceux qu'ils laissent un plus grand développement. Ils obtiennent ainsi ces pêches magnifiques que l'on admire chez tous les grands marchands de comestibles de Paris. Mais il n'y a aucune comparaison à établir entre les horticulteurs de Montreuil, ayant pratiqué leur art pendant de longues années et le connaissant parfaitement, et nos vignerons taillant comme ont taillé leurs pères, et souvent sans réflexion et sans discernement.

Le mieux est donc évidemment de ne pas être obligé d'avoir recours à ce moyen qui serait négligé, et de se mettre à même de s'en passer en rapprochant, selon les circonstances, les ceps dans les lignes, de manière à avoir des branches à fruit d'une moins grande longueur.

Une longue et orageuse discussion a eu lieu entre le docteur Guyot et M. Hooïbrenck, jardinier autrichien, au sujet de l'inclinaison qu'il convient de donner a la branche à fruit. M. Jules Guyot conseille de la coucher horizontalement, tandis que M. Hooïbrenck soutient qu'il faut absolument lui donner une inclinaison de vingt-deux degrés et demi au-dessous de l'horizontale pour en obtenir le maximum de produits. M. Carrière, chef des pépinières au Muséum d'histoire naturelle de Paris, s'est déclaré le champion de M. Hooïbrenck, et, dans une brochure où la passion domine, il affirme que ce jardinier autrichien, en vulgarisant sa méthode, aura rendu d'immenses services, non-seulement à la nation française, mais à l'humanité tout entière.

Cet éloge est par trop exagéré, et la trouvaille de M. Hooïbrenck, si tant est qu'il ait rien inventé, n'a pas le mérite que veut bien lui attribuer M. Carrière, Sa prétendue invention consiste, comme je l'ai dit, à incliner la branche à fruit à vingt-deux degrés et demi au dessous de l'horizontale ; mais je suis persuadé qu'il aurait pu adopter toute autre inclinaison sans que, pour cela, le produit différât d'une manière sensible.

En effet, M. Cazenave laisse ses branches à fruit verticales, tandis que M. Jules Guyot recommande de les placer horizontalement. M. Sylvoz leur fait subir la position verticale renversée, et M. Marcon leur donne la position oblique. Dans certains vignobles on les plie en cercle entier ; ailleurs en quart de cercle ou en demi-cercle, et chacun affirme que sa méthode est préférable aux autres.

La vérité est que, dans les vignobles de France, les branches à fruit subissent toutes les formes et toutes les inclinaisons possibles, sans que l'on puisse affirmer d'une manière positive qu'elle est l'inclinaison et la forme qui donne les meilleurs résultats, car cela dépend d'une foule de circonstances dont il faudrait tenir compte pour faire cette appréciation.

Lors de l'exposition universelle qui a eu lieu à Lyon en 1872, M. Duchesne-Thoureau, habile viticulteur de Chatillon-sur-Seine, y avait apporté plusieurs souches de vigne morte conduites en treilles et dont la végétation était tout ce que l'on peut rêver de plus beau. Cette puissance extraordinaire de végétation était due, selon lui, à l'absence de taille, et surtout à l'inclinaison des sarments à 22 degrés au-dessous de l'horizontale. C'était la résurrection de la méthode Hooïbrenck à laquelle personne ne songeait plus.

Un viticulteur distingué, du Beaujolais, séduit par cette fabuleuse végétation, a voulu se rendre compte des effets produits par l'inclinaison des sarments. Il dit avoir constaté une différence très grande dans l'écoulement de sève entre les sarments taillés perpendiculaires et ceux taillés du même cep en treille, mais inclinés, malgré que cette inclinaison ne dépassait pas 5 à 6 dégrés.

Je me garderais bien de contester ces résultats; mais je dois dire cependant qu'après avoir examiné avec la plus scrupuleuse attention les diverses souches exposées par M. Duchesne-Thoureau, j'ai remarqué que celles de un et de deux ans dont les sarments n'avaient pas encore subi l'inclinaison, présentaient une végétation aussi luxuriante que les souches plus âgées dont les pampres avaient été inclinés à 22 degrés. Désireux de m'instruire, j'écrivis à M. Duchesne-Thoureau pour lui faire part de mon observation, et je le priai de me dire si la merveilleuse végétation de ces ceps, au lieu d'avoir pour cause l'inclinaison à 22 degrés, n'était pas due plutôt à quelque excellent engrais qu'il aurait mis aux pieds des souches. M. Duschesne-Thoureau n'ayant pas daigné me répondre,

mes lecteurs tireront de son silence telle conclusion
qu'il leur plaira.

Chez les pères capucins établis à Meylan (Isère),
l'un d'eux, le frère Bernard, qui est italien, y a importé
la méthode de taille et de conduite de la vigne usitée
dans son pays.

Cette méthode a une grande analogie avec celle du
docteur Guyot, ainsi qu'on le verra par la description
suivante.

Les ceps sont plantés à la distance conseillée par
M. Guyot, c'est-à-dire à un mètre en tous sens. La
souche est également maintenue très-basse. A la taille
sèche le frère Bernard ne conserve qu'un sarment
sur chaque cep, et il le prend aussi bas que possible
en lui laissant une longueur qui varie depuis 0 mètre
80 jusqu'à 1 mètre 50, selon la vigueur du cep. Ce
sarment est dressé contre un grand échalas planté au
pied de la souche, et il y est solidement fixé avec un
osier à la hauteur de 50 centimètres au-dessus du sol.
Puis il est coudé et dirigé horizontalement vers le cep
suivant. S'il est assez long, il est attaché au second
échalas avec le cep suivant. Dans le cas contraire, le
frère Bernard se sert d'un sarment supprimé qu'il lie
à la branche à fruit et qui fait l'office de corde pour
atteindre l'échalas voisin. De cette manière, les
branches à fruit sont reliées les unes aux autres sur
toute la longueur des lignes.

A la taille suivante on supprime la branche à fruit
qu'on remplace par le sarment le plus propice et le
plus bas possible, afin de ne pas trop élever la souche.

Tous les bourgeons de la branche à fruit sont pincés à deux feuilles au-dessus de la plus haute grappe, même ceux de la partie verticale, sauf les deux de la base qui sont plus particulièrement destinés à remplacer la branche à fruit. La ligature, fixant le sarment unique sur l'échalas, doit être très-fortement serrée en faisant un double tour sur l'échalas. Elle a pour but d'opérer, lors de la végétation, un étrangle-

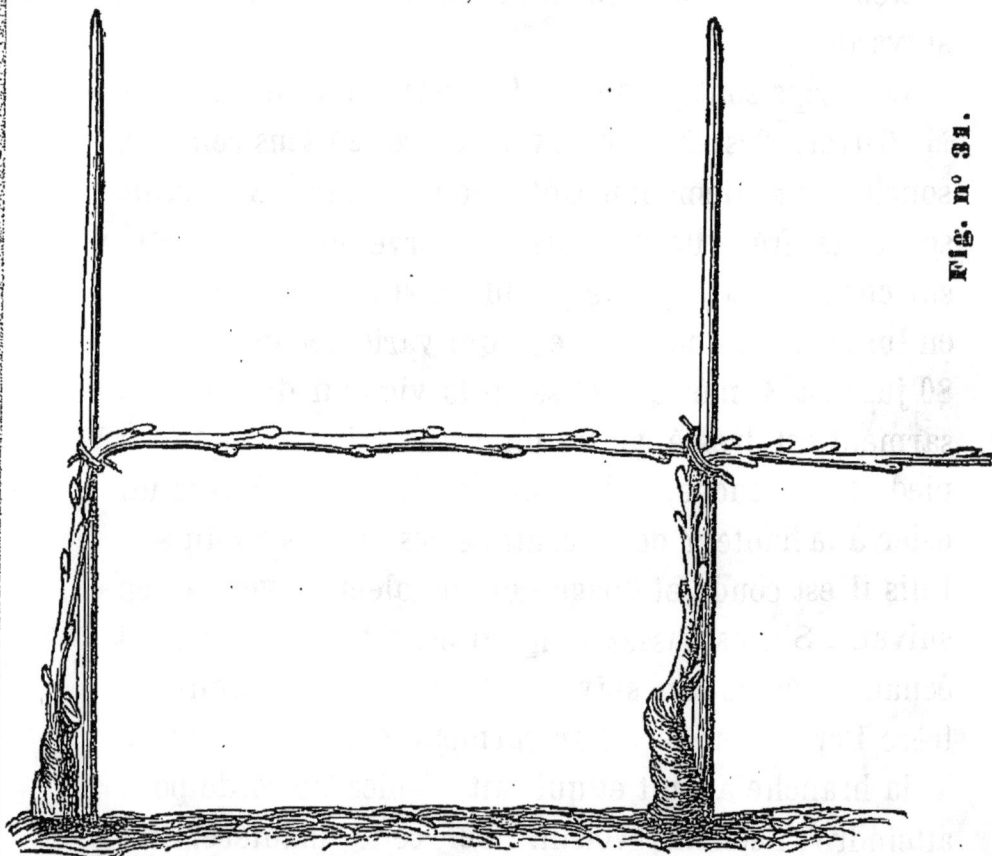

Méthode du frère Bernard, à Meylan (Isère)

ment que le père Bernard considère comme favorisant en deçà le développement de beau bois de remplacement, et la maturité des raisins placés au-delà. Le frère Bernard ne rogne par les sarments verticaux destinés à remplacer la branche à fruit.

M. de Mortillet affirme que cette méthode procure un rendement plus élevé que celle du docteur Guyot. J'ai beaucoup de peine à le croire: et si, comme je n'en doute pas, M. de Mortillet, l'a constaté, il est permis de penser que les circonstances locales y étaient pour quelque chose. Peut-être aussi le cépage n'était-il pas le même, ce qui peut occasionner une grande différence dans la production. Il ne faut pas oublier que la méthode Bernard est pratiquée à Meylan (Isère), tandis que M. de Mortillet a vu l'application de la méthode Guyot à Cruet (Savoie), chez M. Fleury Lacoste.

On voit combien il y a de ressemblance entre les deux méthodes. Celle du frère Bernard diffère de celle du docteur Guyot.

1° Par l'absence d'un courson de retour;

2° Par la partie verticale de la branche à fruit jusqu'à 50 centimètres au-dessus du sol;

3° Par la ligature fortement serrée et formant étranglement;

4° Par l'absence de tout palissage des bourgeons de la branche à fruit;

5° Par l'absence de rognage des sarments de remplacement.

Je vais examiner ces divers points de dissemblance et j'arriverai facilement, je crois, à établir que si la méthode Guyot n'est pas préférable, sous tous les rapports, à celle du frère Bernard, elle ne lui est pas inférieure.

Et d'abord, l'absence du courson de retour est plus nuisible qu'avantageuse, et le frère Bernard l'a si bien senti, qu'il est obligé, à de courts intervalles de temps, de conserver un bourgeon adventice, c'est-à-dire venu sur la souche, et de le tailler jusqu'à ce qu'il soit assez fort pour fournir une belle branche à fruit et lui permettre de rabattre la souche qui s'élève rapidement, parce qu'il n'y a pas de courson de retour.

La partie verticale de la branche à fruit est trop longue et contribue, autant que l'absence du courson de remplacement, à élever rapidement la souche. Mais le frère Bernard, qui voulait éviter les frais de palissage des pampres, a été obligé de placer la branche à fruit à une assez grande élévation au-dessus du sol pour que les raisins ne touchent pas terre par suite du fléchissement de la branche à fruit occasionné par le poids des grappes. C'est une économie mal entendue, car lorsque les pampres sont bien soutenus par le palissage, leurs raisins sont bien mieux nourris et acquièrent un plus gros volume.

Je crois que la ligature très-fortement serrée est une bonne chose et peut en effet contribuer à hâter la maturité des raisins placés au-delà ; la sève étant en partie arrêtée par la ligature, toute la vigueur doit se porter sur la partie de la branche à fruit verticale qui précède cette ligature. Or on sait que plus la vigne est vigoureuse, plus la maturité de ses fruits est tardive. La ligature étant faite à 50 centimètres au-dessus du sol, et en tenant compte de la longueur moyenne des souches, il doit y avoir sur cette partie verticale de la branche à fruit, cinq bourgeons portant en moyenne sept ou huit raisins dont la maturité est plus tardive que celle des raisins de la partie horizontale de la branche à fruit.

Cela est si vrai que, chez M. Baltet, M. Jules Guyot a constaté, sur des muscats noirs, que les raisins portés par les sarments au-delà de l'incision annulaire étaient entièrement noirs au moment où, sur le même cep, les raisins en deça de l'incision étaient encore verts et en retard de quinze jours sur la maturité des premiers. Avec la méthode Guyot, l'incision annulaire peut être faite à la base de la branche à fruit, ce qui est bien préférable.

L'absence de palissage, dispense, il est vrai de mettre un fil de fer comme l'exige la méthode Guyot; mais ce n'est pas tout bénéfice, car dans une vigne bien palissée l'aération et l'insolation sont complètes et favorisent le développement et la maturité des raisins.

Le frère Bernard laisse pousser librement et sans les rogner les sarments destinés à remplacer la branche à fruit l'année suivante. Est-ce un bien, est-ce un mal ? Cette question est encore très-controversée. Sans avoir la prétention de la résoudre, je vais me permettre de dire mon sentiment à ce sujet.

En général, dans les cépages fins, les boutons les plus rapprochés de la base des sarments ne sont pas, ou sont peu fructifères. Cependant, on peut voir à Montreuil-sur-Seine, chez M. Trouillet, une grande quantité de souches de ces cépages, tels que les Pineaux, le Vert-Doré de la Champagne, le Meunier et plusieurs Chasselas, constamment taillés à deux yeux et toujours chargés de nombreuses et belles grappes. Cela tient uniquement au pincement rigoureux auquel cet habile arboriculteur soumet tous les bourgeons. La suppression du bout des bourgeons empêche les sucs végétaux de se perdre dans le prolongement inutile des sarments ; elle les refoule et les oblige à se reporter sur les fruits et les boutons restants dont elle augmente le volume en accroissant la fécondité des yeux conservés.

Ainsi à Argenteuil, on pince les bourgeons du figuier, les arboriculteurs de ce pays ayant reconnu que cette opération empêchait la coulure des figues et favorisait singulièrement leur accroissement et leur maturité. Le pincement est même appliqué aux plantes potagères, et tous les jardiniers intelligents pincent aujourd'hui leurs melons.

Si donc, et il n'en faut pas douter, le pincement a pour effet de développer davantage les boutons de la vigne et d'accroître leur fécondité, il est certain que le rognage doit avoir le même résultat, quoique à un moins haut degré. La sève qui se serait perdue dans un plus grand développement du sarment, y arrive néanmoins en aussi grande quantité qu'auparavant ; mais ayant une moins grande longueur de sarment à nourrir, elle fait un effort sur tous les organes qui restent et elle agit en même temps sur les feuilles, sur les sous-bourgeons qu'elle fait développer et sur les boutons destinés à donner le fruit l'année suivante. La conséquence de cet effort sur ces boutons et d'en accroître le volume et la fécondité.

En résumé, je cherche en vain les avantages qu'on attribue à la méthode Bernard sur celle du docteur Guyot ; je crois, au contraire, celle-ci bien préférable à celle adoptée par les capucins de Meylan.

A l'époque où j'écrivais ce qui précède je n'avais pas encore vu l'application de la méthode Bernard ; mais j'avais trouvé sur le journal le *Sud-Est* le dessin et la description de cette méthode. Cela avait suffi pour me donner à penser que cette conduite de la vigne était mauvaise ; je ne me trompais pas.

En 1872, étant à Grenoble, je voulus savoir si l'appréciation que j'avais faite de cette méthode était fondée, et je me transportai à Meylan au couvent des capucins. Le père capucin, spécialement chargé de la culture du vignoble, ne put me montrer un seul cep conduit d'après la méthode Bernard ; ils avaient tous été transformés ou arrachés, cette méthode ayant été reconnue vicieuse.

Dans les environs de Grenoble on conduit la vigne en treillons ou *lisses basses et en treillages*.

Les treillons ou lisses basses sont conduits ainsi :

Deux traverses horizontales en bois sont clouées sur de forts piquets enfoncés en terre et sortant de 1 mètre 10, à 1 mètre 40 au-dessus du sol. La première traverse est de trente à soixante centimètres au-dessus de terre, et la seconde est à quatre-vingts centimètres au-dessus de la première. De forts liteaux, faisant l'office d'échalas, sont clouées verticalement sur les deux traverses, à peu de distance les uns des autres. Les ceps sont formés en treille à deux bras sur lesquels de 30 en 30 centimètres on laisse à demeure un membre portant à son extrémité une branche à fruit ayant depuis 80 centimètres jusqu'à 1 mètre 20 centimètres de longueur, recourbée et attachée ensuite, soit obliquement, soit verticalement la pointe en bas. Comme il n'y a pas de courson de remplacement, la branche à fruit de l'année suivante est prise sur le premier ou le second sarment venu sur la branche à fruit précédente. Mais on conçoit que les bras doivent rapidement s'allonger, ce qui oblige les vignerons à donner aux branches à fruits des inclinaisons différentes, selon la longueur des membres.

Le docteur Guyot dit que les vignes en lisses basses paraissent devoir être la fortune de l'Isère et le *nec plus ultra* de la production des vins en quantité et en qualité.

Outre les treillons ou lisses basses, on trouve encore dans l'Isère beaucoup de vignes conduites en treilles plus ou moins élevées et que l'on nomme treillages. Les treillages sont plantés à toutes les orientations et la hauteur de la souche jusqu'aux bras varie depuis 60 centimètres jusqu'à 1 mètre 50 au-dessus du sol. Dans certains vignobles les souches et leurs membres sont soutenus par des bois morts ; dans d'autres, et ce sont les plus nombreux, leurs soutiens sont des arbres vivants, essence ormeau, érable ou saule ; et, lorsque les arbres sont peu espacés, les bras des ceps vont de l'un à l'autre et y sont attachés, il en est ainsi notamment dans les communes de Moirans, Voreppe et Saint-Robert. Dans d'autres vignobles et plus particulièrement sur les montagnes qui bordent la vallée du Grésivaudan et même à Meylan, on voit des treillages dont les lignes sont distantes de 6 à 10 mètres, et les ceps sont plantés depuis 1 mètre 50 jusqu'à 4 mètres dans les lignes. Plus les souches sont espacées, plus leur accroissement est considérable ; j'ai vu à Meylan un cep ayant 65 centimètres de circonférence à 1 mètre au-dessus du sol, et sa végétation était magnifique.

Fig. n° 32.

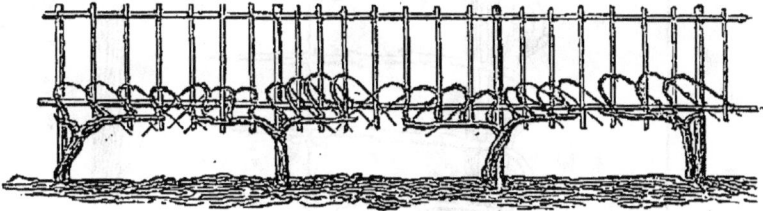

Treillons ou lisses basses de l'Isère.

M. Sylvoz, de la Savoie, cultive ses vignes en treilles unilatérales. Les ceps sont plantés à trois mètres en

tous sens. De forts pieux, enfoncés en terre de distance
en distance, supportent, à 60 centimètres au-dessus

Fig. n° 33.

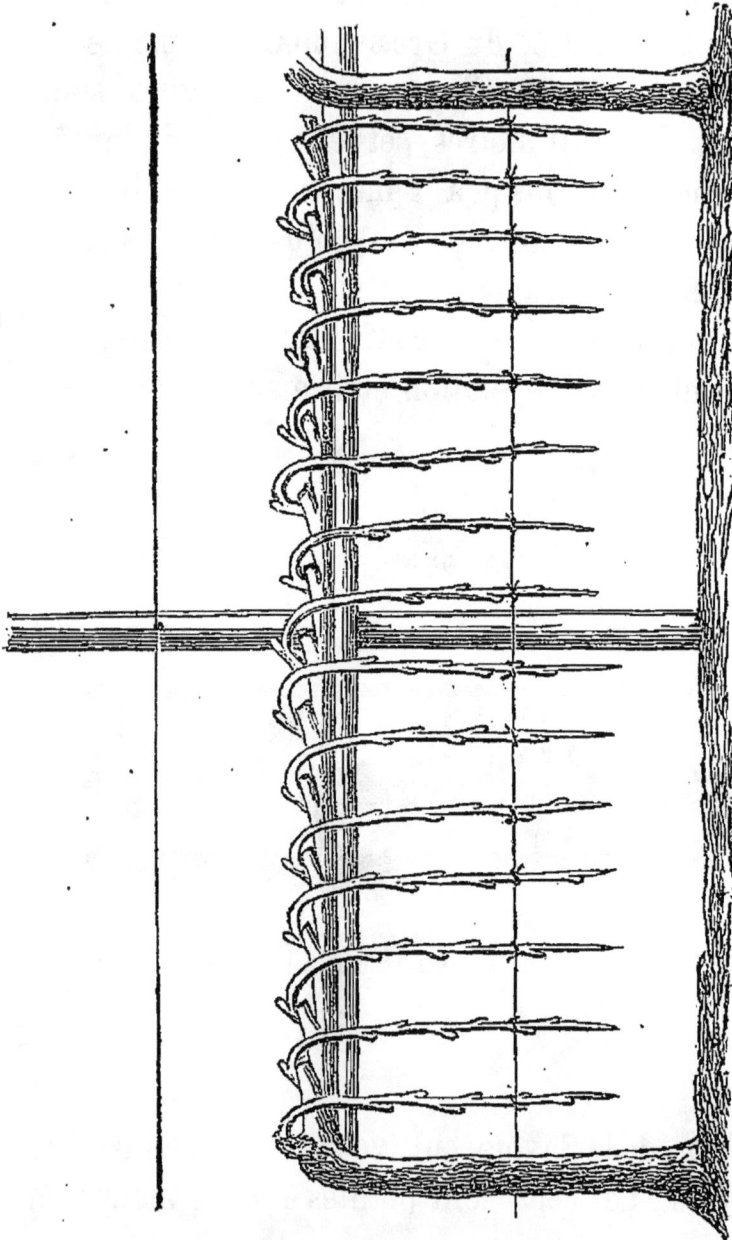

Méthode Sylvoz, en Savoie.

de terre, un fil de fer n° 19; puis à un mètre au-

dessus du sol une forte traverse en bois, et enfin, à
50 centimètres au-dessus de cette traverse, un autre
fil de fer n° 19. La souche est couchée sur la traverse
en bois, et, chaque année elle s'allonge de 60 à 80
centimètres jusqu'à ce qu'elle ait atteint la souche
voisine.

Sur la partie horizontale, et de 25 en 25 centimètres,
il prend une branche à fruit de 60 à 80 centimètres de
longueur, qui est coudée le plus près possible de son
insertion et fixée, perpendiculairement vers le sol, sur
le fil de fer inférieur.

Il ménage soigneusement le bourgeon qui se développe le plus près de l'insertion de chaque branche à
fruit, et il le palisse sur le fil de fer supérieur, afin de
lui faire acquérir un développement suffisant pour
remplacer, l'année suivante, la branche à fruit qui est
supprimée. Tous les autres bourgeons sont pincés à
deux feuilles au-dessus de la dernière grappe ; un
mois après il enlève tous les bourgeons anticipés
provoqués par le pincement.

M. Paganon, président de la société d'agriculture de
Grenoble, a visité le vignoble de M. Sylvoz, et il
affirme que cette conduite de la vigne donne une
production énorme, sans épuiser les souches.

La forme adoptée par M. Cazenave, à la Réole
(Gironde), et par M. J. Marcon, à Lamothe-Montravel (Dordogne), est à peu près celle en cordon
unilatéral de M. Sylvoz. La description que je vais en
faire indiquera les différences qui existent entre ces
deux méthodes.

Je parlerai seulement des vignes de Lamothe-Montravel, que je suis allé visiter en 1865, sur la pressante invitation de M. Marcon, qui, quelques semaines auparavant, m'avait fait l'honneur de venir examiner mes essais.

M. Marcon plante ses ceps à 2 mètres 25 centimètres en tous sens. Aussitôt que les ceps fournissent un sarment assez long pour être couché, il le fait palisser horizontalement sur le fil de fer inférieur placé à 50 centimètres au-dessus du sol et fixé de distance en distance sur de forts échalas. Le fil de fer intermédiaire est à 35 centimètres au-dessus de l'inférieur, et le fil de fer supérieur est fixé à 50 centimètres au-dessus de l'intermédiaire, c'est-à-dire à 1 mètre 35 centimètres au-dessus de terre. La première année du couchage des sarments, M. Marcon supprime tous les boutons, à partir du sol jusqu'à 30 centimètres sur la partie horizontale fixée au fil de fer, ainsi que tous ceux qui se trouvent placés sous le sarment couché, et il conserve tous ceux qui sont sur ce même sarment destiné à devenir la souche. Les bourgeons qui poussent sur ce sarment sont palissés sur le fil de fer intermédiaire et pincés à des longueurs différentes, suivant leur force. L'année suivante, il prend, tous les trente ou trente-cinq centimètres, un sarment qui forme en même temps la branche à bois et la branche à fruit et qui, incliné à un angle de 40 degrés, est attaché au fil de fer intermédiaire ; tous les autres sarments sont supprimés. A la troisième année, M. Marcon taille à deux yeux le sarment placé à la base de chaque branche à fruit, et il choisit le meilleur parmi ceux qui sont au-dessus pour former une nouvelle branche à fruit, en remplacement de l'ancienne qui est abattue. A la taille suivante, la branche à fruit de l'année précédente est entièrement supprimée et le sarment le plus élevé venu sur le courson devient la nouvelle branche à fruit, tandis que le sarment de la base du courson est taillé à deux yeux et forme un nouveau courson destiné à donner, l'année suivante, une nouvelle branche à fruit et un nouveau courson.

Chaque année la taille est ensuite pratiquée de la même manière. Mais il arrive parfois que les sarments fournis par le courson sont trop faibles pour donner une belle branche à fruit; dans ce cas, M. Marcon prend, sur l'ancienne, le plus beau sarment dont il fait une nouvelle branche à fruit.

Les branches à fruit ont, selon la vigueur du cep, une longueur qui varie de 45 à 80 centimètres. M. Marcon ne pince pas les bourgeons de la branche à fruit; il se borne à rogner ceux qui s'allongent trop.

Je ne connais pas les vignes de M. Sylvoz, mais il me semble impossible qu'elles soient plus vigoureuses et plus chargées de raisins que celles de Lamothe-Montravel, dont j'ai été émerveillé et qui m'ont paru devoir donner 150 hectolitres à l'hectare, malgré le grand espacement des ceps.

Fig. n° 34.

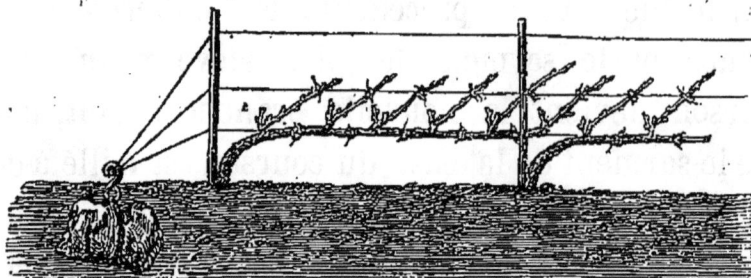

Méthode Marcon, à la Mothe-Montravel (Dordogne).

La forme Marcon est celle que j'ai adoptée pour
mes cépages mi-fins et fins. Mais, comme mes lignes
de vignes ne sont qu'à 1 mètre 10 centimètres les
unes des autres, j'ai dû rapprocher les ceps dans les
lignes. Cet espacement des lignes étant donné, la
distance qui me paraît la meilleure pour planter les
ceps dans les lignes est celle de 1 mètre 20 centimètres.
N'ayant pas le soleil du sud-ouest, j'ai dû également
tenir mes souches plus basses. J'ai donc placé le fil de
fer inférieur à 30 centimètres au-dessus du sol ; le
second à 30 centmètres au-dessus du premier, et le
troisième à 50 centimètres au-dessus de l'intermédiaire.

Dès 1867, j'ai été amené par la pratique et
l'observation à apporter une modification à cette
méthode ; j'avais remarqué chez M. Marcon et
constaté chez moi, que les coursons ne donnaient
parfois que des sarments trop faibles pour faire de
bonnes branches à fruit. Cela me parut provenir de
ce que, le courson et la branche à fruit surgissant au
même endroit, la sève était obligée de faire un trop

grand effort sur ces points afin de fournir à la fois de beaux bois de remplacement et en même temps une branche à fruit chargée de nombreux raisins. J'étais donc souvent dans la nécessité de prendre la nouvelle branche à fruit sur celle de l'année précédente et quelquefois assez loin de la souche. Il en résultait une certaine perturbation dans l'économie du cep, et j'étais obligé, l'année suivante, de faire une forte amputation toujours nuisible à la vigne.

Voilà maintenant comment j'opère : la première année du couchage du sarment souche, je laisse, comme M. Marcon, tous les boutons qui sont sur ce sarment et je supprime ceux de dessous. Par suite de cette suppression, j'ai un bouton tous les 18 centimètres à peu près. L'année suivante, tous les sarments pairs me fournissent les coursons et sont taillés à deux yeux, tandis que les boutons impairs me donnent les branches à fruit qui sont palissées sur le fil de fer intermédiaire. A la taille suivante je prends les branches à fruit sur les coursons et les coursons sur les branches à fruit de l'année précédente, et j'alterne ainsi chaque année, de telle sorte que les branches à fruit qui ont donné une abondante récolte se reposent l'année suivante, car elle n'ont, pour ainsi dire, à fournir que du bois. Au contraire, les coursons, qui n'ont pas eu un grand effort à faire en ne produisant que du bois, peuvent, l'année suivante, donner une grande quantité de raisins sans être trop fatigués.

Ma modification s'applique non-seulement à la

méthode Cazenave et Marcon, mais encore à toutes celles adoptées pour les vignes à longs bois portant un courson et une branche à fruit.

Ainsi, au lieu de couper l'ancienne branche à fruit au rez de la souche, on ne doit opérer la section qu'au-dessus du premier sarment que l'on taille à deux yeux, ou mieux encore à un œil, afin de lui faire jeter un vigoureux sarment de remplacement, et l'on prend sur le courson le plus beau sarment pour en faire une nouvelle branche à fruit. L'année suivante, la dernière branche à fruit donne le courson et l'ancien courson fournit la nouvelle branche à fruit.

De cette manière, jamais la souche ne s'élève, car le courson et la branche à fruit naissent toujours au même endroit, et l'on est beaucoup plus certain d'avoir chaque année une belle branche à fruit.

La méthode Cazenave et Marcon est très-bonne en ce qu'elle permet de tenir les branches à fruit assez courtes pour en obtenir un vin meilleur que celui provenant des vignes conduites selon des méthodes qui exigent de très-longues branches à fruit pour arriver à un grand rendement.

Mais j'ai remarqué que certains cépages ne subissent pas impunément cette conduite; les Chasselas, notamment, s'en accommodent beaucoup moins bien que les Pineaux, qui eux-mêmes en étaient fatigués; aussi, depuis ma première édition, ai-je renoncé à cette méthode, tant il est vrai que, pas plus en viticulture qu'en agriculture, il n'y a rien d'absolu, et que ce qui est bon dans un vignoble peut ne rien valoir dans un autre. Il y a des conditions de sol et de climat dont il faut toujours tenir compte sous peine de s'exposer à des échecs certains.

Je termine la nomenclature des diverses formes données aux ceps taillés à longs bois, par celle adoptée en Auvergne.

Les vignerons laissent chaque année à leurs ceps à souche verticale un arquet (branche à fruit), et un coutet (courson).

Mais, au lieu de décrire moi-même la conduite et la taille de la vigne dans le Puy-de-Dôme, je préfère donner la parole à M. de Tarrieux, président de la Société d'agriculture de ce département. Voici ce qu'il écrivait dans le *Journal d'agriculture pratique* du 16 juin 1870 ; « Dans les arrondissements de Clermont, de Riom et une partie de celui d'Issoire, le système de la taille est parfait ; laisser deux branches au cep, la branche à bois et la branche à fruit. Et, en effet, quoi de plus rationnel que d'obtenir de la vigne, au lieu de plusieurs branches fort médiocres, une belle branche à bois qui, vigoureuse et bien développée, puisse, l'année suivante, remplir parfaitement le rôle exclusivement important de branche à fruit. Le vigneron a pour devoir de la laisser aussi longue que possible ; qu'il lui laisse *quinze, vingt bourgeons*, il arrivera alors à la plus riche production. Quelques-uns l'ont compris et doublent, triplent leur rendement. Ceux qui pincent cette branche pour moins fatiguer le cep, suivent aussi la voie tracée par la sagesse.

Avec la taille en arquet on emploie deux échalas pour chaque cep; les pays qui pratiquent la taille courte n'en mettent qu'un seul. »

Je me permets d'ajouter à cela le résultat de mes observations sur les lieux mêmes, en août 1869.

La taille est faite en général avec trop peu de soins; souvent, au lieu d'une souche unique fournissant à la fois le courson et la branche à fruit, le cep se bifurque en deux membres, d'ont l'un fournit le coutet et l'autre l'arquet. Le courson est taillé trop long, car on lui laisse de quatre à six boutons; aussi arrive-t-il presque toujours que les bourgeons qui en sortent ne sont ni assez forts, ni assez longs pour fournir la branche à fruit. Les vignerons sont alors obligés de la prendre sur celle de l'année précédente, et la souche, s'allongeant ainsi rapidement, atteint constamment une trop grande élévation. Malgré cela, les vignes offrent une superbe végétation et leur produit est très-élevé.

Les deux cépages qui peuplent les vignes des arrondissements que je viens de citer, sont le Damas noir et le Gamay, et ils y sont tous deux soumis à la taille à longs bois.

J'ai demandé à plusieurs vignerons si d'aussi longs arquets laissés au Gamay ne l'épuisaient pas; ils m'ont tous répondu qu'il y résistait aussi bien, sinon mieux que le Damas noir; et, en effet, sa végétation était au moins aussi luxuriante.

Je n'en pouvais croire mes yeux et mes oreilles, prévenu que j'étais contre la taille à longs bois appliquée aux Gamays, taille qui, selon l'opinion généralement répandue, devrait tuer ces cépages en peu d'années.

Fig. n° 35.

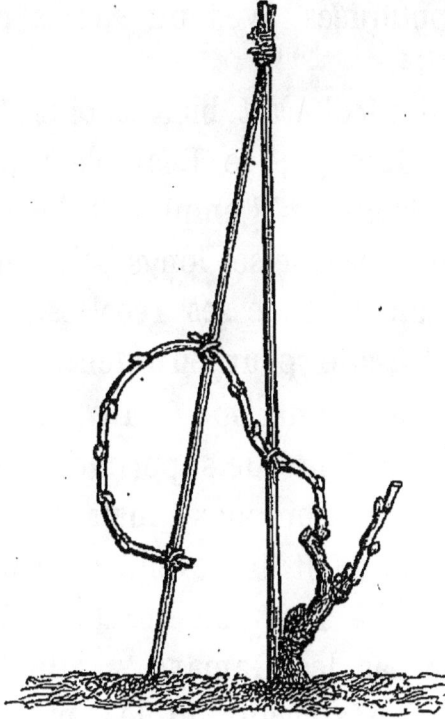

Taille à longs bois de Gamay, dans le Puy-de-Dôme.

Voici ce que dit à ce sujet M. Jules Guyot, dans son rapport au ministre, sur la viticulture dans le département du Puy-de-Dôme. « Le département du Puy-de-Dôme cultive les même cépages que le Beaujolais et le Mâconnais, une partie de la Bourgogne et Argenteuil. Le Beaujolais, le Maconnais et la Bourgogne cultivent les Gamays sur souches à deux, trois et quatre cornes, à un courson taillé à un ou deux yeux. Argenteuil enterre tous les ans la souche de l'année précédente et ne laisse sortir que les jeunes bois qu'il taille à deux ou trois yeux ; et le Puy-de-Dôme taille à longs bois d'un mètre et à courson de remplacement.

« Il n'est pas possible de voir trois cultures plus différentes appliquées avec un succès presque égal pour la quantité.

« Argenteuil récolterait bien moins s'il ne recouchait pas ses Gamays ; le Beaujolais prétend qu'il ruinerait ses récoltes s'il employait les longs bois, et le Puy-de-Dôme regarde ses longs bois non-seulement comme le fondement de ses récoltes, mais encore comme une nécessité pour entretenir la vigueur de ses vignes. M. Simonnet me disait qu'aux environs de Riom on avait tenté de supprimer l'arquet pour ne garder que des coursons, mais que, les vignes ayant dépéri, on avait dû revenir à l'arquet ».

Contrairement à l'opinion reçue, la taille longue n'épuise donc pas les Gamays si elle est faite avec soin et en ne négligeant ni les pinçages, ni les rognages qui sont essentiels au maintien de la vigueur des vignes soumises à cette taille. Toutefois cette vigueur disparaîtrait bientôt si, en augmentant la production, on ne remplaçait pas, par des engrais ou des amendements, les principes fertilisants enlevés au sol par le surcroît de récolte qu'on exige de la vigne.

Je n'ai décrit qu'une faible partie des diverses formes données aux ceps, dans les vignobles de France, soit pour la taille à coursons, soit pour la taille à longs bois. Ces formes, on l'a vu, sont variées à l'infini, et l'on ne saurait prétendre qu'elles sont toujours imposées par des conditions de sol, de climat et d'exposition. Elles sont souvent le résultat de l'habitude de chaque contrée viticole. Cela est si vrai, que quelques-unes de ces formes joignent à l'abandon des plus simples lois de la physiologie végétale, des complications nuisibles au bon entretien des vignes et à la qualité aussi bien qu'à l'abondance du vin.

Pourquoi alors cette multitude de formes et de conduites de la vigne? C'est que dans chaque vignoble on la cultive selon la tradition locale.

Au lieu d'étudier la constitution et les besoins de la vigne, au lieu de la conduire selon sa constitution et ses besoins, les vignerons la considèrent comme subissant fatalement l'influence du sol et du climat, et ils n'ont cure de satisfaire aux exigences de la naturede cet arbrisseau.

Je suis loin de prétendre que, sous tous les climats et dans tous les sols, la vigne doit être soumise au même régime, et je suis le premier à reconnaître l'influence incontestable du sol et du climat. Mais quand, dans les vignobles contigus, ayant un sol identique, on voit conduire la vigne de tant de manières différentes, on peut affirmer hautement que sa constitution et ses besoins n'ont pas été consultés et que l'adoption de ces formes diverses est le résultat du caprice ou de la routine des vignerons.

Les meilleures formes et conduites de la vigne sont incontestablement celles qui facilitent le mieux la libre ascension de la sève et sa répartition aussi égale que possible dans tous les organes du cep; ce sont celles qui mutilent le moins cet arbrisseau et donnent la plus entière satisfaction aux conditions et aux besoins de son existence.

La méthode Guyot me paraît le mieux remplir ces conditions pour la taille longue. C'est celle qui, par la position verticale de la souche, favorise le mieux la production de beaux bois de remplacement, et celle des raisins par la position horizontale de la branche à fruit. Nulle autre conduite de la vigne ne permet d'étaler aussi bien les pampres de la branche à fruit et de les faire jouir à un aussi haut degré de l'action bienfaisante de l'air et du soleil.

Pour la taille courte, ma préférence est acquise à la conduite en cordon vertical. La méthode beaujolais est aussi bonne, je le crois, lorsque le cep est bien formé et bien maintenu avec des bras égaux évasés en forme de gobelet. Mais c'est là précisément la pierre d'achoppement; aussi, même dans les vignes les mieux tenues de cette province, voit-on peu de ceps parfaitement montés. Au contraire, dans la conduite en fuseau, le cep se forme lui-même; la seule chose à faire est de maintenir la souche dans la position verticale jusqu'au moment où elle est assez forte pour s'y maintenir sans appui.

Comparaison entre la taille longue et la taille courte.

Il est incontestable que la taille courte donne plus

de qualité au vin que la taille longue, toutes choses
étant d'ailleurs identiques. Cela s'explique parfaitement : chaque pampre n'ayant à nourrir qu'un ou deux
raisins, peut les amener à une maturité plus complète
et plus prompte qu'une branche à fruit, surtout
lorsqu'elle est d'une grande longueur. En effet, le
canal séveux de la branche à fruit, n'ayant pas un
plus grand diamètre que celui du courson, est néanmoins obligé de nourrir quinze, vingt et jusqu'à
quarante raisins, au lieu de trois ou quatre ; il n'est
donc pas possible que la maturité des raisins de la
branche à fruit soit aussi hâtive et aussi complète que
celles des raisins produits par les coursons.

Il ne me paraît pas douteux que sil es Pineaux de
Clos-Vougeot, au lieu d'être taillés à un seul courson
à deux yeux, portaient une branche à fruit de
cinquante centimètres et plus, ils produiraient du vin
bien inférieur à celui qu'on récolte dans ce fameux
vignoble. Mais j'ai la conviction que les vignerons de
la Bourgogne pourraient laisser à leurs ceps de Pineau
un courson de retour et une branche à fruit de quatre
boutons sans altérer d'une manière appréciable la
qualité de leurs vins fins.

Cette expérience est faite depuis un temps
immémorial dans deux vignobles aussi renommés que
celui de la Bourgogne ; je veux parler de l'Hermitage,
où les ceps de Sirrah portent (Fig. 18) une petite
branche à fruit de quatre yeux et un courson de
remplacement, et du Médoc, dont les vignerons
laissent à chaque cep deux hastes portant chacune

trois ou quatre boutons, soit en moyenne huit ou neuf boutons, y compris le ou les coursons de retour.

Si donc le Médoc et l'Hermitage, en laissant une ou deux petites branches à fruit à leurs ceps, récoltent des vins exquis, je ne vois pas pourquoi les grands vins de Bourgogne perdraient une partie de leurs qualités si l'on y taillait les Pineaux de la même manière.

La méthode Marcon, avec un fil de fer intermédiaire placé à 30 centimètres au-dessus de l'inférieur, permet de tenir les branches à fruit assez courtes pour n'y avoir que six ou sept yeux.

Sur des branches à fruit de cette longueur les raisins mûrissent bien; néanmoins je n'affirmerais pas que les Pineaux, étant conduits de cette manière en Bourgogne, y donneraient d'aussi bon vin qu'étant taillés à courson. Cependant un viticulteur de cette contrée soutient qu'il obtient de ses vignes assujéties à la taille longue, avec des branches à fruit de 75 à 80 centimètres de longueur, d'aussi bon vin que celui qu'elles donnaient lorsqu'elles étaient taillées à coursons.

Malgré toute la déférence que j'ai pour le talent de ce viticulteur, je ne puis me persuader qu'il en soit ainsi.

Si je compare maintenant la quantité produite par la taille courte et celle que donne la taille longue, l'avantage est incontestablement à celle-ci.

Les vignerons ont certainement remarqué que plus la taille est courte, plus les sarments sont vigoureux et moins ils portent de fruits. Au contraire, plus on allonge la taille, plus les bourgeons de la branche à fruit sont grêles, mais plus ils sont chargés de raisins. En effet, plus les boutons sont rapprochés de la souche, moins ils sont fructifères; plus ils s'en éloignent, plus ils sont féconds et plus les grappes sont grosses. Dans les cépages fins surtout, les boutons inférieurs semblent frappés d'une stérilité naturelle.

Tous les vignerons ont la preuve de ce fait sous les yeux, mais il y en a probablement beaucoup qui ne s'en sont pas rendu compte.

A moins d'intempéries, les provins donnent toujours, la première année, une assez grande quantité de raisins. Cela ne résulte pas évidemment de l'opération du provignage, car c'est le contraire qui devrait avoir lieu par suite de la mutilation d'une partie des racines que l'on est obligé de couper pour pouvoir coucher la souche dans la fosse. Cette abondance de grappes vient uniquement de ce que le sarment couché n'est autre chose qu'une branche à fruit dont l'extrémité sort de terre, ce qui prouve bien que les boutons les plus éloignés de la base du sarment sont les plus fructifères.

Les vignerons ne s'expliquent probablement pas pourquoi la seconde année les provins donnent peu de raisins; le voici: Un cep soumis d'abord à la taille longue et taillé ensuite à courson, donne fort peu de raisins la première année de sa transformation. C'est là un fait que la pratique m'a maintes fois démontré et qui ne s'est jamais démenti. Ainsi, mes ceps destinés à être conduits en cordon vertical sont montés d'un seul coup à la hauteur que je veux leur laisser; c'est une vraie branche à fruit verticale qui porte en moyenne six à sept boutons. L'année suivante je supprime les sarments les plus élevés et je n'en laisse que quatre, cinq au plus, qui sont taillés à coursons. Et bien, l'année où ce changement de taille a lieu, les coursons donnent très-peu de raisins.

Au contraire, lorsqu'une vigne précédemment taillée à coursons est soumise à la taille longue, les branches à fruit donnent beaucoup de raisins.

Ce résultat ne provient-il pas de ce que lorsqu'on a donné à la vigne l'expansion qui convient à sa nature, on ne peut la lui enlever sans dommage pour elle, et il lui faut ensuite un certain laps de temps pour s'habituer à la taille courte que sa constitution vagabonde n'accepte qu'à regret.

La taille longue a encore une autre raison d'être. L'humidité et les gelées d'automne et d'hiver tuent souvent les boutons placés près de la souche. Les vignerons, en taillant leurs vignes à coursons, ne sont donc jamais certains d'avoir une récolte ordinaire, et souvent il l'anéantissent sans s'en douter. En taillant leurs vignes à longs bois, ils seraient assurés d'avoir, quoi qu'il arrive, une récolte passable.

Au moment même où j'écris ces lignes, j'ai sous les yeux la preuve de ce que j'avance. En effet, une forte gelée d'hiver vient de sévir sur ma commune, et mes voisins se plaignant des ravages qu'elle avait faits dans leurs vignes, j'ai voulu me rendre compte du mal et voir quels étaient les boutons qui avaient le plus souffert. J'ai coupé une quarantaine de sarments dans mes vignes; j'en ai successivement arraché les boutons et j'ai constaté que les quatre cinquièmes des boutons atteints étaient les plus rapprochés de la souche, c'est-à-dire ceux placés à la base des sarments (1).

La branche à fruit donne une plus entière satisfaction à l'impérieux besoin d'expansion de la vigne,

---

(1) Aujourd'hui 25 avril, j'ai la confirmation la plus positive de ce fait.

L'hiver de 1870-71, d'une rigueur exceptionnelle, a commencé de bonne heure et ne m'a pas permis de tailler aussitôt que d'habitude. C'est seulement à la fin de février que j'ai pu faire tailler mes Gamays qui avaient beaucoup souffert de la gelée.

Afin d'atténuer le mal, j'ai fait laisser, outre les coursons, une branche à fruit sur chaque cep, avec l'intention de supprimer, au mois de mai, celles portées par les ceps dont les coursons auraient un nombre suffisant de bons boutons, et de ne la laisser qu'aux ceps dont les boutons des coursons seraient gelés en totalité ou en grande partie.

Je viens d'examiner deux lignes de ceps prises au hazard et j'ai noté exactement le nombre total des boutons portés par les coursons de toutes les souches; ensuite j'ai compté ceux qui étaient bons; enfin j'ai fait la même opération pour les branches à fruit de ces mêmes ceps, et voici ce que j'ai constaté : sur 787 boutons portés par les coursons, j'en ai trouvé 88 bons et 699 mauvais. Sur 1,187 boutons portés par les branches à fruit, j'en ai compté 593 bons et 594 mauvais. Ainsi donc, les bons boutons sont, sur les branches à fruit, dans la proportion de 50 0/0; tandis que sur les coursons, cette proportion n'est que de 11 0/0 environ.

J'engage les vignerons à méditer ces chiffres qui ont leur éloquence.

ce qui doit contribuer à entretenir sa vigueur et sa
fécondité. Comme le dit si bien le docteur Guyot, « il
faut, pour ainsi dire, satisfaire la nature en la
trompant, comme on satisfait l'activité d'un écureuil
en le laissant courir dans une cage cylindrique qui
n'est guère plus grande que lui. »

Il est incontestable qu'une branche à fruit portant
six boutons produira beaucoup plus, année moyenne,
que la même quantité de boutons laissée sur trois coursons taillés à deux yeux. Du reste, tous les vignerons
peuvent faire cet essai en taillant quelques ceps à
longs bois à côté d'autres taillés à coursons.

Les détracteurs de la taille longue prétendent
qu'elle épuise plus la vigne que la taille courte. Il
faut s'entendre. La taille à longs bois n'épuise pas
plus la vigne que la taille à coursons, si, toutes choses
égales d'ailleurs, on ne laisse à la branche à fruit
qu'un nombre de boutons égal à celui dont on
chargerait les coursons. Mais si, abusant de la taille
longue, on laisse des branches à fruit d'une longueur
exagérée et chargée d'un nombre de raisins de
beaucoup supérieur à celui qu'on lui fait produire en
la taillant à coursons, il est certain que la vigne sera
plus vite épuisée, à moins que par d'abondants engrais
on ne restitue au sol les principes fertilisants qui lui
auront été enlevés par ce surcroît de récolte. La
preuve que la taille à longs bois n'épuise pas la vigne,
c'est qu'on la pratique de temps immémorial dans un
grand nombre de provinces, et les vignes qui y sont
soumises vivent plus long-temps que celles taillées à

coursons, témoins les treillons de l'Isère, dont les ceps, après cent ans d'existence, sont encore très-vigoureux et donnent de bonnes récoltes. Les longues branches à fruit que les vignerons de l'Auvergne laissent aux Gamays attestent que ce cépage même peut, sans s'épuiser, supporter la taille longue.

Néanmoins, il est certain que les cépages grossiers ne supportent pas la taille longue aussi impunément que les cépages fins qui, en général, sont plus robustes; et si l'on voit, en Auvergne, les Gamays y résister sans perdre leur superbe végétation, il ne faut pas oublier que les vignobles du Puy-de-Dôme, dans lesquels on taille ces cépages à longs bois, sont tous sur terrain volcanique, le plus favorable à la vigne. Aussi, est-il prudent de tailler les Gamays à coursons, d'autant que les boutons de la base des sarments de ces cépages sont suffisamment fructifères. Cependant, je crois que, dans les bons sols, on pourrait sans inconvénient leur appliquer la taille usitée dans la Meurthe-et-Moselle pour les cépages grossiers, et qui consiste à laisser, au bas de la souche un courson ou mineur à deux yeux, et une petite branche à fruit ou *majeur* à quatre yeux au sommet (fig. 18). Cette taille, que le docteur Guyot appelle taille mixte, ne parait pas fatiguer la vigne et donne des récoltes plus abondantes et plus régulières que la taille à trois coursons portant chacun deux yeux.

Quant à la longueur qu'il convient de laisser à la branche à fruit, la nature l'indique: Tant que le courson donne de beaux et longs sarments, on peut tenir la branche à fruit un peu longue; mais dès que ces sarments perdent de leur vigueur, il est nécessaire de raccourcir la branche à fruit et de fumer la vigne, afin d'en activer la végétation.

ASSOLEMENT DE LA VIGNE

Une question intéressante se présente ici : celle de savoir s'il n'y a pas avantage à exiger de la vigne son maximum de production pendant 20 ou 25 ans et à l'arracher ensuite, au lieu de la perpétuer dans le même sol pendant soixante ou quatre-vingts ans et souvent davantage, en ne lui faisant produire que des récoltes moyennes.

Ce qui fait notre infériorité en agriculture sur la Belgique et l'Angleterre, c'est que la plupart de nos cultivateurs ne comprennent pas encore la loi et la nécessité des assolements.

Les végétaux ne se nourrissent pas tous de la même manière; les uns absorbent plus particulièrement de l'azote, les autres de la potasse, d'autres enfin des phosphates, etc.... De là la doctrine des engrais chimiques et des dominantes de M. Georges Ville; de là aussi la nécessité de la rotation des cultures, que ce savant chimiste ne méconnaît pas, car malgré qu'il prétende qu'au moyen des engrais chimiques, on peut indéfiniment cultiver la même plante sur le même sol, il n'en conseille pas moins les assolements et reconnaît qu'ils sont le principe de toute bonne et fructueuse culture.

La vigne, pas plus que les autres végétaux, n'échappe à cette loi inflexible de la nature, et, si on la laisse indéfiniment dans le même sol, elle finit par s'emparer de tous les principes fertilisants dont elle fait sa nourriture et qu'il contient ; elle l'appauvrit au point de ne plus pouvoir y trouver les éléments nécessaires à sa vigueur et à sa fécondité.

Il est donc impossible que la vigne cultivée pendant de longues années dans le même terrain puisse donner, même avec d'abondants engrais, des récoltes aussi plantureuses qu'une vigne à assolement de 25 à 30 ans. On peut presque abuser de cette dernière, tandis que si l'on veut faire durer une vigne soixante ou quatre-vingts ans, on est obligé de la ménager dès l'abord, et de la tailler de manière à ne lui faire produire que des récoltes moyennes.

Une vigne à assolement de trente ans pourra constamment produire des récoltes plus que doubles de celles qu'on obtiendra d'une autre à assolement de soixante ans. Mais, même en supposant qu'une vigne à assolement trentenaire ne rapporte que soixante-cinq hectolitres par hectare contre 40 hectolitres produits par une vigne à assolement de soixante ans, l'avantage serait encore à la première, ainsi qu'il est facile de s'en convaincre par le compte suivant :

Le défonçage du terrain et la plantation de la vigne coûtent par hectare. . . . . 900 fr.

Si la vigne a été plantée dans de bonnes conditions, les façons des quatre premières années sont largement payées par le produit de la troisième et de la quatrième année. La vigne devant être arrachée après la vingt-cinquième année, il faut compter les façons pendant vingt-un ans à f. 175 l'hectare, soit. . . . . 3,675 »

Total des frais. . . . . 4,575 »

PRODUIT :

65 hectolitres de vins pendant 21 ans, soit 1,365 hectolitres à 25 fr. . . . . . . 34,125 »
Produits nets pendant cinq ans en céréales, plantes sarclées ou fourragères. . . . . 750 »

Total des produits. . . . . 34,875 »
Frais à déduire. . . . . 4,575 »

Il reste net pour trente années. . . . 30,300 »
ou 1,010 francs par an.

Vigne à assolement de soixante ans.

Défonçage et plantation..............   900 fr.
Façons pendant 51 ans.............. 8,925 »

Total des frais....... 9,825 »

PRODUITS :

40 hectolitres de vins pendant 51 ans,
  soit 2,040 hectolitres à 25 francs.   51,000 »
Produit net des cultures herbacées
  pendant cinq ans.................... 750 »

Total des produits...........51,750 »
Frais à déduire................. 9,825 »

Il reste net pour soixante années   41925 »
soit 698 francs 75 centimes par an.

Différence en faveur de l'assolement trentenaire 311 francs 25 centimes par an.

Voici, du reste, comment M. Jules Guyot s'exprime à ce sujet : « Un fait digne de remarque, c'est que les vignes à assolement de vingt à quarante ans et occupant des terrains neufs, sont dans un état de prospérité qui fait l'orgueil et la fortune de leurs propriétaires; tandis que les vignes, même dans les crûs les plus renommés, éternisées par le provignage sur le même sol, sont dans un état de décadence et de détresse qui inquiètent et dégoûtent ceux qui les possèdent (1).

D'autres causes contribuent aussi à diminuer les produits des vieilles vignes; ce sont les sinuosités et les nodosités des souches âgées et par suite l'obturation des cananx séveux.

---

(1) *Etude des Vignobles de France,* tome III, Page 236.

CULTURE ANNUELLE

DE LA VIGNE.

~~~

De la taille

Dans un grand nombre de vignobles la taille est faite avec une négligence impardonnable, et c'est là, il n'en faut pas douter, la cause de la faible quantité moyenne des produits que la vigne donne en France.

Dans toutes les contrées viticoles, les comices devraient organiser des concours de taille, comme cela se fait dans le Midi, en Beaujolais et dans quelques autres grands vignobles. Là, on enseigne aux vignerons la manière de former les ceps; on leur explique quels sont les sarments qui doivent être supprimés et ceux sur lesquels la taille doit être assise; en un mot, on leur apprend à raisonner la taille.

La taille est raisonnée lorsque, dans une vigne complantée du même cépage, toutes les souches ont la même forme ou à peu près. Au contraire, on reconnaît bien vite une vigne taillée sans discernement, presque au hasard, à la dissemblance qui existe dans la forme des ceps.

Mais il ne suffit pas que la taille soit raisonnée, il faut encore qn'elle soit appropriée à la nature du cépage, en tenant compte du climat et de la composition du sol. Ainsi les cépages grossiers, dont les boutons de la base des sarments sont très-fructifères, doivent être plus particulièrement taillés à coursons. Les cépages fins, plus robustes en général, et dont les boutons inférieurs sont peu féconds, réclament surtout la taille à long bois.

Taille courte ou à coursons,

Le courson est un sarment de vigne taillé, et auquel on a laissé un, deux ou trois yeux, non compris le petit bouton qui se trouve à l'insertion du nouveau bois sur l'ancien.

Les coursons doivent remplir ce double but: donner beaucoup de fruits et de beaux sarments, afin de pouvoir y prendre, l'année suivante, de bons coursons aussi rapprochés que possible de la souche.

Plus les coursons sont courts, plus leurs jets sont beaux, mais moins il y a de fruits. Plus les coursons sont longs, plus ils donnent de fruits, mais moins leurs sarments sont beaux.

Les coursons à un œil franc donnent peu ou point de fruit, mais on en obtient des sarments superbes ; c'est la taille à bois.

Les coursons à trois yeux produisent beaucoup de

fruits, mais parfois leurs jets sont faibles et ne peuvent pas fournir de beaux coursons l'année suivante.

Les coursons portant deux yeux francs sont ceux qui remplissent le mieux le double but de produire de beaux sarments et des récoltes satisfaisantes. Aussi, dans le Beaujolais, terre classique de la taille courte, ne voit-on que des coursons portant deux yeux francs.

Taille longue ou à longs bois.

La taille longue appliquée presque exclusivement aux cépages mi-fins et fins, consiste à laisser sur chaque cep un sarment taillé plus ou moins long, selon la nature du sol et la vigueur du cépage, et spécialement destiné à la production du fruit. En outre de cette branche à fruit, on laisse ordinairement un courson qui a pour objet de fournir de beaux sarments parmi lesquels on choisit une nouvelle branche à fruit pour remplacer l'ancienne qui doit être supprimée.

Néanmoins, dans certains vignobles, on ne conserve pas de coursons de remplacement. Le vigneron est alors obligé de prendre la nouvelle branche à fruit sur celle de l'année précédente et, parfois, loin de la souche qui s'allonge ainsi rapidement et que l'on est obligé de rabattre fréquemment. Souvent aussi la branche à fruit, fatiguée par une production abondante, ne donne que des sarments trop faibles pour pouvoir produire beaucoup de fruits.

A tous les points de vue le courson de remplacement est le complément obligé de la taille longue ; et comme dans ce cas il est exclusivement destiné à fournir de beaux bois de remplacement, il convient de le tenir aussi court que possible.

Taille hâtive, normale et tardive.

Les vignerons commencent ordinairement à tailler lorsque les froids rigoureux ne sont plus à craindre, c'est-à-dire en février ; et comme chacun d'eux a le plus souvent une assez grande étendue de vigne à cultiver, cette opération se prolonge jusqu'à la fin de mars et parfois jusqu'en avril.

Dans plusieurs départements on commence la taille anssitôt après l'arrêt complet de la végétation.

M. Fleury Lacoste condamne cette manière de faire ; il affirme que le meilleur moment de tailler la vigne est celui où elle ne pleure pas lorsqu'on opère la section du sarment, en avril ou mai.

Quelle est donc la meilleure époque pour tailler ? c'est la question que je vais tâcher de résoudre en m'appuyant sur l'opinion des auteurs et sur mes observations pratiques.

Depuis 1861, j'ai successivement planté près de dix

hectares de vigne que je fais valoir, et j'y emploie un personnel si réduit, qu'il me serait impossible d'achever la taille en temps utile si je ne la commençais de bonne heure. Aussi mes ouvriers ont-ils le sécateur en main dans le courant du mois de novembre, après avoir préalablement rabattu, avec un grand et gros sécateur à manches, tous les ceps qui en avaient besoin. Selon la rigueur de l'hiver, la taille se termine dans la première ou la seconde quinzaine de mars.

Chaque année j'examine attentivement mes vignes et je n'ai jamais reconnu dans celles taillées hâtivement les inconvénients signalés par les partisans de la taille de février et mars, à savoir que ces vignes poussent plus tôt, sont plus sujettes aux gelées printannières et donnent moins de fruits que celles taillées à cette dernière époque. Celles taillées en novembre et décembre ne souffrent pas plus des gelées printannières que celles taillées en mars et elles ont toujours autant de fruits. La seule différence que j'ai remarquée, différence à l'avantage de la taille hâtive, c'est que les vignes taillées avant l'hiver ont de plus beaux bois. Aussi plusieurs auteurs conseillent-ils d'avoir recours à la taille précoce pour les cépages faibles et pour les vieilles vignes.

Quant à la différence supposée de production, je crois qu'il serait difficile de donner une bonne raison à l'appui de cette hypothèse. En effet, l'embryon du fruit est tout formé au moment de l'arrêt de la végétation, et il reste à l'état latent jusqu'au moment où

7

elle se ranime. Comment alors la taille hâtive pourrait-elle occasionner l'avortement de cet embryon? Elle devrait plutôt favoriser son développement ultérieur, car la plaie faite avant l'hiver par le sécateur se cicatrise parfaitement et il n'y a point de déperdition de sève au printemps, comme cela arrive lorsqu'on taille en mars. Alors, en effet, la vigne pleure, et la grande quantité de sève qui s'échappe des plaies est perdue pour sa végétation et sa fructification. Il est même probable que cette déperdition de sève n'est pas sans influence sur la coulure de la vigne.

En résumé, s'il y a une différence entre la taille d'automne et celle de mars, elle est certainement à l'avantage de la taille hâtive.

Je reviens à la taille extra-tardive conseillée par M. Fleury Lacoste. Son moindre défaut est d'arriver dans un moment où d'autres travaux doivent occuper le vigneron. Les labours, l'ébourgeonnage et le palissage réclament tout son temps. Cet habile viticulteur recommande de tailler en mai, après que les bourgeons ont déjà pris un certain développement, et il affirme que depuis qu'il pratique la taille à cette époque, ses vignes sont plus vigoureuses. Il me paraît bien difficile qu'il en soit ainsi, car toute la sève qui a contribué à faire naître et développer les bourgeons est perdue pour la partie des sarments que l'on conserve, et cette quantité de sève est plus considérable que celle qui s'écoule par les plaies de la vigne taillée en mars. Or, si, comme on l'a vu, la taille hâtive est éminemment favorable à entretenir la vigueur des vieilles vignes, en ne laissant pas échapper la sève, il est évident que plus il y aura de déperdition de sève et moins la vigne sera vigoureuse.

Le comte Odart préconise la taille hâtive en ces termes : « L'usage de procéder de bonne heure à la taille n'est pas seulement, selon moi, une nécessité, mais il me semble fondé en raison et conforme à la nature du bois de la vigne, parce que, dans cette saison, le bois de la vigne se dessèche en quelques jours ; sa moëlle se crispe et durcit, de telle sorte que, quelque temps qui survienne, neige, givre ou verglas, le bois s'y trouve insensible ; au printemps suivant il offre également un obstacle à l'écoulement des pleurs de la vigne, dissipation de la sève en pure perte. Je pense donc, contrairement à l'opinion des vignerons de la Marne, qui commencent seulement la taille à la moitié de l'hiver, que le moment préférable est celui qui suit de quelques jours la chute des feuilles. »

Columelle conseille aussi de tailler la vigne en automne.

Avantages de l'emploi du sécateur pour la taille.

Autrefois les vignerons ne se servaient que de la serpe pour tailler leurs vignes ; mais depuis quelques années le sécateur tend à la supprimer.

Dans le Midi on ne taille qu'avec le sécateur, et, dans le Beaujolais, où, il y a huit ou dix ans, certains

propriétaires prétendaient qu'on n'y emploierait jamais
le sécateur, dans le Beaujolais, dis-je, les comices ont
organisé depuis plusieurs années des concours de
taille, et maintenant ce sont toujours les vignerons
taillant avec le sécateur qui remportent les prix, soit
sous le rapport de la perfection du travail, soit sous
celui de l'économie de temps dont on gagne moitié
avec cet instrument. La coupe du sécateur est plus
nette que celle de la serpe, quand on a la précaution
de tourner le croissant du côté du bout du sarment
qui doit être retranché.

La serpe est un mauvais instrument et souvent elle
est fatale à la vigne. En effet, quand le vigneron veut
rabattre une souche, il la frappe du revers de son instrument, qui fait l'office de hache, en ayant soin de
placer le cep sur son sabot et de frapper à petits coups,
afin de ne pas couper à la fois le cep, son sabot et son
pied. Mais il est rare que l'ouvrier soit assez habile
pour frapper toujours au même endroit; il en résulte
nécessairement une série d'entailles superposées sur
lesquelles les eaux de pluie séjournent et contribuent
à amener la détérioration de la souche. Parfois aussi
la souche est fendue par les coups répétés que donne
le vigneron; les conséquences sont alors plus graves
et occasionnent souvent la mort du cep.

On ne doit se servir de la serpe que pour supprimer
les drageons qui sont sortis de terre au pied du cep
et qu'il faut couper avec soin, car ces pousses inférieures absorberaient une grande partie de la sève, au
détriment des bourgeons à fruit.

Habituellement les vignerons opèrent la section des sarments très-près du dernier bouton conservé; c'est là un grand tort, car en ne laissant qu'un centimètre et souvent moins au-dessus de l'œil, les intempéries exercent fatalement sur lui une action pernicieuse; aussi voit-on une très-faible quantité de ces boutons donner du fruit; c'est, selon la vigueur des vignes, un tiers ou moitié au plus.

Afin d'obvier à cet inconvénient, il faut toujours opérer la section des sarments immédiatement au-dessous du bouton qui suit le dernier qu'on veut conserver; il faut laisser en un mot un mérithalle entier au-dessus du dernier bouton.

Dans le Midi, où toutes les vignes sont taillées de cette manière, on a constaté que le surcroît du produit qui en résulte est de 25 p. %.

Il n'est pas un vigneron intelligent qui n'ait observé que, lorsque la taille est faite immédiatement au-dessus de l'œil, la plupart de ces boutons ne poussent pas; d'autres donnent des jets insignifiants de 5 à 15 centimètres; quelques-uns produisent des sarments un peu plus longs mais n'ayant point de fruits, et une faible partie seulement porte des raisins.

J'ai démontré ce fait à plusieurs vieux vignerons qui le niaient, et qui ne se sont rendus à l'évidence qu'au moment où, les ayant conduits dans les vignes, ils ont pu se convaincre que les choses se passaient comme je le leur avais dit.

La section du sarment doit être faite en biseau du côté opposé au bouton le plus élevé, afin que les pleurs de la vigne, en coulant le long du sarment, ne puissent pas exercer leur action corrosive sur ce bouton.

Avantages résultant de l'emploi du grand sécateur à manches.

L'instrument le plus convenable pour rabattre les ceps est le gros sécateur à manches, avec lequel on peut, sans grand effort et d'un seul coup, opérer la section des souches, quelque grosses qu'elles soient, et cela sans les fendre. La coupe est très-franche et cette opération se fait dix fois plus vite qu'avec la serpe.

Au commencement de novembre je fais passer tous mes ceps en revue et rabattre avec mon grand sécateur toutes les souches qui en ont besoin.

Je ne saurais trop engager les vignerons à se servir exclusivement de cet instrument, dont ils gagneront la valeur en une seule année, grâce à la rapidité avec laquelle il permet d'opérer. Ils trouveront aussi dans son emploi le grand avantage d'éviter à leurs souches les entailles qui nuisent toujours à leur vigueur, quand elles ne les font pas périr, ce qui arrive souvent et surtout si la souche s'est éclatée.

Labours ou façons de la vigne.

Ordinairement c'est vers la fin du mois de mars

que les vignerons donnent la première façon à leurs vignes. Ils se servent pour ce travail, et selon les terrains, de houes, de pioches ordinaires ou de pioches à deux pointes appelées bidents ; dans certaines localités on emploie la bêche.

Substitution de la charrue à la pioche.

Depuis quelques années la culture de la vigne à la charrue a fait de grands progrès et les avantages qui en résultent lui font gagner de jour en jour plus de terrain. Cela est tout naturel, eu égard à l'économie de main-d'œuvre que procure l'emploi de cet instrument.

Le travail s'accomplit avec une rapidité telle, que l'on peut multiplier les façons et toujours les donner en temps convenable, ce qui est impossible avec le travail à main d'homme.

Les labours fréquents ont pour résultats de maintenir la terre dans un état de pulvérisation aussi grand que possible, et, conséquemment, d'augmenter la surface des molécules et de donner un plus facile accès à l'air atmosphérique, à l'eau et à la chaleur. L'air, pénétrant dans la couche arable, apporte aux racines de la vigne des gaz, des substances alimentaires et de l'humidité ; les eaux de pluie s'introduisent dans la terre et dissolvent la plus grande partie des sels et des matières organiques qui y sont contenues; enfin, la chaleur, en échauffant le sol, hâte la décomposition des matières végétales et animales, et donne une plus grande activité au mouvement ascensionnel de la sève.

On ne saurait donc donner trop de façons à la vigne, et la charrue seule permet de les multiplier.

Aussi n'hésité-je pas à conseiller aux propriétaires qui plantent des vignes d'espacer suffisamment les lignes pour pouvoir cultiver à la charrue. La culture à main d'homme y sera plus facile, plus prompte, et lorsqu'ils auront reconnu les avantages que j'ai trouvés moi-même dans l'emploi de cet instrument, ils pourront au moins le substituer à la pioche.

Dans le Médoc, les vignes sont labourées de temps immémorial. Dans l'antiquité même on cultivait déjà les vignes à la charrue.

Columelle, en parlant de cette culture, s'exprime ainsi : « Pour ce qui est de la vigne réduite à un pied, on ôte tous les sarments qui environnent le cep, jusqu'au corps même de la souche, et on ne laisse à cette dernière qu'un ou deux bourgeons..... Ceux qui donnent cette forme à leurs vignes les cultivent à la charrue ; aussi est-ce pour cela qu'ils leur ôtent tous leurs bras, afin que les souches n'ayant point de parties saillantes, ne soient point en risque d'être endommagées par la charrue et par les bœufs. Car il arrive communément que, lorsque les vignes sont distribuées en bras, les bœufs en arrachent les petites branches, soit avec le pied, soit avec la corne. Souvent même cet accident est occasionné par le manche de la charrue pour peu que le laboureur s'attache à raser les rangées avec le soc et à labourer le plus près qu'il peut de la vigne. »

Aujourd'hui les accidents signalés par Columelle ne sont plus à craindre; les charrues vigneronnes ont été tellement perfectionnées, que le laboureur peut raser les ceps sans les offenser.

Je m'explique d'autant moins la répugnance qu'inspire la charrue pour la culture de la vigne, que dans le Midi, partout où la charrue peut fonctionner, on l'y emploie pour le labour des vignes, qui produisent jusqu'à 350 hectolitres par hectare. Dans le Bordelais, les grands vins du Médoc proviennent de vignes cultivées à la charrue.

La culture des vignes à la charrue ne nuit donc ni à l'abondance, ni à la qualité du vin; aussi est-il difficile de comprendre pourquoi les vignerons hésitent à remplacer la pioche par cet instrument.

Depuis 1862 mes vignes sont labourées, et elles ne sont ni moins propres, ni moins vigoureuses, ni moins productives que celles de mes voisins.

La main d'œuvre devient de jour en jour plus rare et plus chère; il faudra donc tôt ou tard se résigner à labourer les vignes partout où l'inclinaison du sol le permet. Le mieux est assurément de s'y décider de suite.

Avantages des labours hâtifs.

Dans les vignes sujettes aux gelées printanières, la première façon doit être donnée en automne ou au mois de février si l'on ne veut la retarder jusqu'à la la fin du mois d'avril ou au commencement de mai, époque à laquelle les gelées de printemps ne sont guère plus à craindre. Toutefois, il vaut infiniment mieux avancer ce labour que de le retarder, car alors le terrain de la vigne serait couvert d'herbes, et les herbes, on le sait, rayonnent avec une très-grande facilité ; aussi sont-elles promptement frappées de congélation.

Un grand nombre de vignerons, ayant remarqué que les herbes activent la congélation des corps qui les avoisinent, ont soin de donner le premier labour avant l'hiver, afin de les détruire.

M. Trouillet, de Montreuil, agit ainsi depuis longtemps, et il s'en trouve si bien, que, dans ses conférences et dans ses ouvrages, il recommande vivement ce labour automnal.

Lorsque l'air est à une température au-dessous de zéro, tous les corps qui y sont plongés sont frappés plus ou moins vite de congélation. Ceux qui sont mouillés ou imprégnés d'eau sont atteints les premiers. C'est ce qui a lieu pour la vigne.

Par une nuit calme et sereine, alors qu'aucun nuage ne s'interpose entre le ciel et la terre, la vigne, par l'effet du rayonnement, se refroidit plus rapidement que l'air qui l'environne. Il en résulte que l'eau, qui est renfermée dans l'air à l'état de vapeur, se trouvant en contact avec un corps plus froid, se condense et se dépose sur ce corps, comme, dans une chambre, on voit la vapeur de l'air se condenser sur les vitres lorsque la température extérieure est plus froide. Et si, vers les trois heures du matin, le froid augmente, l'eau déposée sur les nouveaux bourgeons de la vigne se condense davantage et se forme en petits glaçons. Les vignes dont, au printemps, le sol est couvert d'herbes, sont plus fortement frappées par les gelées que celles dont le sol est bien nettoyé. En donnant le premier labour à la fin de mars ou au commencement d'avril, on expose la vigne à subir davantage les atteintes de la gelée. L'effet du labour étant d'activer l'ascension de la sève de la vigne, doit nécessairement la rendre plus accessible à l'action de l'air froid. On sait aussi que la terre et les végétaux sont parfois frappés de congélation lors même que l'air ne descend pas à une température au-dessous de zéro. La congélation peut avoir lieu par le rayonnement lorsque, pendant la nuit, et par une température de 1 et 2 degrés au-dessus de zéro, l'air est calme et le ciel pur. Tout ce qui favorise le rayonnement est donc une cause de congélation. Or il n'est pas douteux qu'une substance divisée rayonne plus que lorsqu'elle est à l'état compacte. Aussi la surface d'un terrain divisé par le labour est-elle plus rapidement frappée de congélation.

Il est facile de se rendre compte de ce fait en examinant, pendant l'hiver, une terre labourée dont les sillons sont toujours congelés avant les terres qui n'ont pas été travaillées, et ils sont plus tôt dégelés. Ces deux effets ont pour unique cause le rayonnement.

Avantages des labours à plat.

Les causes de gelées sont encore augmentées par l'habitude qu'ont les vignerons de donner la première façon en réunissant la terre piochée en grosses mottes; les ceps se trouvent ainsi dans une espèce de fossé, où ils sont plus facilement atteints par la gelée.

Le piochage à plat est infiniment préférable ; aussi est-il recommandé par le comte Odard, Lenoir et le docteur Guyot.

Profondeur des labours.

Les auteurs ne sont pas d'accord sur la profondeur qu'il convient de donner au premier labour ; les uns sont partisans des labours profonds, les autres des labours superficiels ; cependant le plus grand nombre est d'avis qu'il ne faut pas aller au-delà de 10 à 12 centimètres. Mes charrues ne dépassent jamais cette dernière profondeur ; le plus souvent elles ne vont qu'à 10 centimètres, et si j'en juge par la vigueur de mes vignes, cela est bien suffisant.

Le premier labour doit être, autant que possible, donné par un temps chaud. La terre travaillée s'imprègne aussi facilement de la chaleur qu'elle la perd par le rayonnement, et ce qu'elle acquiert de chaleur, pendant le jour, elle le restitue à la vigne pendant la nuit.

Doit-on conserver ou détruire les racines superficielles ?

Une question très-controversée est celle de savoir si l'on doit conserver ou détruire chaque année, lors du premier labour, les racines superficielles de la vigne.

Je crois que cette question ne peut être résolue d'une manière absolue et que, selon les circonstances, on peut, sans inconvénient détruire ou conserver ces racines.

Dans les sols légers et perméables il peut y avoir avantage à détruire les racines superficielles, dont la suppression a pour effet de forcer les racines mères à s'enfoncer plus profondément en terre, afin d'y aller puiser l'humidité qui est nécessaire à la vigne et qu'elles ne trouveraient pas près de la surface.

Au contraire, dans les terrains argileux, naturellement humides, les racines mères n'ont pas besoin de s'enfoncer profondément et la destruction des racines superficielles est au moins inutile.

On lit dans les Géoponiques qu'il faut ménager les racines superficielles dans les terrains humides, parce

que dans ces sortes de terres les racines profondes
sont peu utiles et très exposées à pourrir; au contraire,
dans les lieux secs, les racines superficielles sont
d'autant moins utiles qu'elles sont exposées à périr
par la chaleur, et les racines profondes sont alors les
seules qui puissent conserver aux ceps toute la vigueur
dont ils sont susceptibles.

Dans son *Petit Cours élémentaire d'agriculture*,
M. Fleury-Lacoste affirme que le chevelu supérieur
des ceps est indispensable à la nourriture du raisin et
à son développement.

M. Fleury-Lacoste doit être dans l'erreur, car, dans
notre arrondissement, et près de Roanne, on cultive
les vignes à la bêche dans une grande partie du vignoble situé sur la rive gauche de la Loire, et l'on
y détruit conséquemment chaque année les racines
superficielles; mais cela n'empêche pas les vignes d'y
donner de bons produits.

Au contraire, sur la rive droite du fleuve, on tra-
vaille les vignes au bident, et l'on respecte les racines
superficielles; cependant les récoltes n'y sont pas plus
plantureuses que sur l'autre rive.

Ces pratiques opposées ont chacune leur raison
d'être et sont motivées par la nature du terrain qui,
sur la rive gauche de la Loire, est très-léger et perméable, tandis qu'il est argileux sur la rive droite.

Le rôle des racines superficielles est donc moins
important que M. Fleury-Lacoste ne le suppose.

Le premier binage se donne à la fin du mois de
mai; et, dans beaucoup de vignobles, ce sont les deux

seules façons que reçoivent les vignes. Elles peuvent, à la rigueur, suffire dans les terrains qui sont peu envahis par les herbes ; mais dans ceux où elles poussent vigoureusement, il est indispensable de donner deux binages et, souvent après, un sarclage, afin de tenir le sol constamment propre. Ces binages doivent être superficiels et ne pas atteindre une profondeur de dix centimètres.

De l'échalassage.

L'échalassage et le palissage de la vigne sont pour elle d'excellentes conditions de vigueur et de longévité que l'on néglige bien à tort dans un grand nombre de vignobles.

Tous les vignerons ont dû remarquer que dans une vigne malingre, épuisée, les ceps qui se trouvent sous des arbres prennent un développement extraordinaire et leurs sarments s'élèvent souvent jusqu'à leur cime, si tout d'abord ils peuvent atteindre les branches les plus basses auxquelles ils s'accrochent au moyen de leurs vrilles, et s'en font un point d'appui pour monter davantage. Cependant ces ceps devraient avoir moins de vigueur que les autres, car les racines des arbres attirent à elles la plus grande partie des principes fertilisants renfermés dans le sol, et cela au détriment de l'alimentation des ceps qui les environnent. Néanmoins c'est le contraire qui a lieu, et la végétation relativement luxuriante de ces ceps est la preuve la plus convaincante de la nécessité de donner des appuis à la vigne si l'on veut en maintenir la vigueur.

Les soutiens dont on se sert généralement pour la vigne sont des échalas d'un mètre cinquante centimètres environ de longueur.

Selon les formes auxquelles les vignerons soumettent leurs ceps, ils mettent à chacun un ou plusieurs échalas, pour soutenir la souche, les pampres et les branches à fruit que l'on y fixe avec quelques brins de paille mouillée ou du jonc.

Afin de donner une plus grande durée aux échalas, et surtout à ceux en bois blanc, il est nécessaire de les imprégner de sulfate de cuivre.

Voici comment se fait cette opération : Dans un vaste récipient en bois ou en maçonnerie cimentée, on prépare une dissolution à froid de sulfate de cuivre dans de l'eau, et cela dans la proportion de 2 kilog. de sulfate de cuivre pour un hectolitre d'eau. Lorsque les échalas sont écorcés et appointés, on les botelle et on les plonge ensuite dans la dissolution ci-dessus pendant quinze jours, au bout desquels on les sort pour les faire sécher à l'ombre, sans les délier, afin qu'ils ne se déforment pas.

Cette opération peut être considérablement abrégée, en faisant préalablement chauffer les bottes d'échalas et en les plongeant immédiatement dans la dissolution. On sait, en effet, que le bois chauffé est très-avide d'eau.

Un autre moyen, que l'on dit très bon pour conserver les échalas, consiste à choisir du bois bien sec, à en enlever l'écorce sur toute la longueur qui doit être enfoncée en terre, et à l'enduire, avec un pinceau, d'huile de lin dans laquelle on a mis du charbon de bois tamisé bien fin. On laisse ensuite parfaitement sécher la peinture avant de se servir des échalas.

On prétend que le bois ainsi préparé dure en terre plus que le fer.

Il est bon d'employer de l'huile de lin cuite, car sa dessication est plus prompte.

Le palissage sur échalas est le mode de soutènement le moins bon, en ce que les liens qui fixent les sarments autour de l'échalas en forment un faisceau serré qui a pour résultat de priver les feuilles de l'action de l'air et du soleil qui leur est indispensable pour remplir leurs importantes fonctions pendant toutes les phases de la végétation ; les raisins sont aussi tenus à l'ombre et serrés, pressés entre les pampres, ce qui nuit à leur accroissement et à leur maturité et peut contribuer à les faire pourrir.

Les échalas doivent être fichés en terre avant le réveil de la végétation ; car, si l'on attendait davantage, on risquerait d'abattre un grand nombre de bourgeons. Ils doivent être enfoncés assez profondément pour résister aux efforts du vent pendant toute la saison.

Avantages du palissage sur fils de fer.

Le palissage en lignes sur fils de fer est sans contredit le meilleur et le plus économique; aussi se
répand-il rapidement dans tous les vignobles où l'on
accole la vigne. Les pampres sont moins serrés, mieux
étalés et profitent davantage de l'action bienfaisante
de l'air et du soleil.

Voici quelle est la dépense du palissage sur fils de
fer comparée à celle du palissage sur échalas.

La distance à laquelle on plante les Gamays dans
le centre de la France est, en moyenne, de 70 centimètres en tous sens. Il faut donc par hectare 20,450
échalas qui, à quarante francs le mille, occasionnent
une dépense de 818 francs, non compris les façons du
piquage et du dépiquage annuel. Pour les échalas
sulfatés, à 50 francs le mille, la dépense est de 1,022
francs 50 centimes.

En remplaçant les échalas par du fil de fer puddlé
recuit, n° 14, voici quelle serait la dépense par hectare et pour deux lignes superposées : Les lignes étant
à 70 centimètres les unes des autres, il y aurait dans
un hectare 143 lignes de 100 mètres chacune, soit une
longueur totale de 14,300 mètres courants, et 28,600
mètres de fil de fer pour deux lignes superposées. Le
fil de fer n° 14, mesurant 35 mètres de longueur au

kilogramme, il faut pour un hectare 817 kilogrammes
qui, à 42 francs les 100 kilog., font....... 343 f. 15
286 petits piquets sulfatés pour chaque bout
de ligne.............................. 57 20
2,080 échalas sulfatés pour soutenir les fils
de fer.............................. 104 »
Pointes de 24 lignes en fer fin 2 50

Total..,.......... 506 85

soit une économie de 344 francs 45 centimes sur les
échalas non sulfatés et pour une durée quadruple.
L'économie serait de 546 francs 35 centimes sur les
échalas sulfatés et pour une durée plus que double.

La dépense du palissage sur fils de fer peut encore
être réduite, tout en favorisant une meilleure insolation des ceps. Ainsi, en espaçant les lignes à un mètre
et en plantant les ceps à 50 centimètres dans les
lignes, la dépense serait celle-ci :

Vingt mille mètres de fils de fer pesant 571 kilog.,
à 42 francs .... 259 f. 80
200 piquets de bouts de lignes .... 40 »
1,600 échalas sulfatés .... 80 »
Pointes.......................... 2 50

Total............; 362 30

soit une économie de 455 francs 70 centimes sur les
échalas ordinaires, et de 600 francs 20 centimes sur
les échalas sulfatés. Plus les ceps sont rapprochés,
plus le palissage avec fils de fer présente d'économie
sur l'emploi des échalas.

L'emploi du fil de fer dispense du piquage et du dépiquage annuel des échalas. C'est donc encore une notable économie que procure ce mode de palissage.

Dans les vignobles où les échalas sont à un prix plus élevé que celui porté ci-dessus, l'avantage résultant de l'emploi du fil de fer serait plus grand encore.

Substitution des piquets en fer à ceux en bois pour les bouts de lignes.

Lorsque, pour mes bouts de lignes, je ne trouve pas des piquets à bas prix, j'emploie du fer cornière et surtout du fer à T qui ne me coûte guère plus cher qu'un gros piquet en bois, et dont la durée est indéfinie.

Du fer cornière pesant 1 kilog. au mètre est suffisant. Le fer à T est préférable, mais il est plus lourd; il faut du fer de 1,100 à 1,200 grammes pour avoir toute la solidité désirable. Ces fers coûtent environ trente francs les cent kilog. et comme il est nécessaire de donner à ces piquets une longueur de 1m.40, ils reviennent à 42 ou 50 centimes chaque.

Ces piquets doivent être enfoncés de 40 centimètres en terre, en les inclinant à un angle de 30 à 40 degrés. Cela fait, on creuse derrière le piquet un trou de 40 centimètres de profondeur, au fond duquel on place une pierre longue ou un morceau de bois sulfaté que l'on entoure avec un fil de fer zingué n° 20, sortant de dix centimètres hors de terre et au bout duquel on fait une boucle à laquelle viennent se rattacher les fils de fer des lignes. Toute la force de tension s'exerce dans terre sur la pierre ou le morceau de bois qu'on y a placé, et le fer à **T** ne sert absolument que de support.

Il est également possible de remplacer les échalas qui soutiennent les fils de fer dans les lignes par du fer cornière très-léger, du poids de 600 à 650 grammes le mètre; la dépense serait plus considérable, mais ces supports dureraient autant que la vigne si on y passait une couche ou deux de minium.

Avantages du gros tendeur à moufles.

Lorsque les fils de fer sont arrêtés à chaque bout de ligne, on les tend ordinairement avec des petits raidisseurs placés à la moitié de la longeur de chaque ligne. M. Thiry jeune, à Paris, fabrique des petits tendeurs très-bons et qu'il vend 10 à 12 centimes.

Néanmoins depuis longtemps j'ai renoncé aux raidisseurs fixes, qui occasionnent une dépense assez grande lorsqu'on a un vignoble de quelque étendue.

Je me sers d'un gros tendeur portatif, qui consiste en deux étaux à la main, munis chacun d'un petit moufle à leur talon. Voici comment on opère pour tendre

les fils de fer : avec chacun des étaux à main, on saisit
le fil de fer que l'on veut tendre, en laissant entre les
moufles des étaux un intervalle d'un mètre. Le fil de
fer une fois bien saisi de chaque côté par les étaux,
on fait jouer les moufles de manière à rapprocher les
étaux jusqu'à ce que le fil de fer ait une tension suffisante ; on arrête la corde des moufles, puis on coupe
le fil de fer entre les deux étaux ; on tire ensuite
chaque bout de fil de fer que l'on agrafe l'un à l'autre
en les enroulant comme on le fait pour les fils télé-
graphiques. Enfin on desserre les étaux et l'on passe
à un autre fil de fer.

De l'ébourgeonnage.

L'ébourgeonnage consiste à supprimer tous les
bourgeons qui n'ont pas de fruit ou qui ne sont pas
nécessaires pour la taille suivante.

Cette opération doit être faite avant la floraison,
dès que les grappes sont bien visibles, et, au lieu d'en
charger des femmes et des enfants, elle devrait être
exclusivement confiée à des mains expérimentées.

Ordinairement on casse les bourgeons, et l'on fait
ainsi des plaies toujours longues à se cicatriser. Au
lieu d'arracher les bourgeons, il faut les couper très-
près de la souche.

L'ébourgeonnage soigneusement pratiqué a pour
effet de maintenir la vigueur de la vigne. On conçoit

que tous les bourgeons retranchés n'attirant plus la séve à eux, les pampres laissés aux ceps profitent de ce surcroît de nourriture. Malgré cela, cette opération, dont l'utilité ne saurait être contestée, n'est pas pratiquée partout ; on cite même certains vignobles renommés de la Bourgogne et du Médoc qui la négligent.

Du pincement.

Le pincement consiste à couper, avec les ongles du pouce et de l'index, le bout d'un bourgeon à l'état herbacé.

On ne peut guère préciser *à priori* l'époque à laquelle cette opération doit être faite ; mais la nature prend soin de l'indiquer. En effet, on doit pincer les pampres à deux feuilles au-dessus de la plus haute grappe dès que la troisième feuille a environ la largeur d'une pièce d'un franc.

Lorsque les ceps sont taillés à long bois, il est utile de pincer tous les bourgeons de la branche à fruit à deux feuilles au-dessus de la grappe la plus élevée, afin de conserver la vigueur de la vigne.

Dans les vignes soumises à la taille courte, les vignerons conserveraient plus de vigueur aux ceps en pinçant sur chaque courson le bourgeon venu sur le bouton le plus éloigné de la souche.

L'utilité de cette opération est démontrée à Thomery,

où l'on pince soigneusement toutes les treilles de chasselas qui donnent les plus beaux et les meilleurs raisins de table du monde entier.

Méthode Trouillet à pincements répétés.

M. Trouillet, professeur d'arboriculture et de viticulture à Montreuil-sur-Seine, est l'inventeur d'une méthode de taille et de conduite de la vigne basée sur le pincement absolu.

Ses ceps, en forme de fuseau ou cordon vertical, sont plantés à un mètre en tous sens, et portent chacun de cinq à neuf coursons.

Aussitôt que la troisième feuille au-dessus de la grappe la plus élevée est large comme une pièce d'un franc, il pince entre cette feuille et celle de dessous. Ce pincement fait pousser les sous-bourgeons qui sont, à leur tour, pincés à deux feuilles. Le pincement des sous-bourgeons fait encore développer des seconds sous-bourgeons qu'il pince aussi à deux ou trois feuilles.

Ces pincements répétés ont pour résultat d'empêcher la sève de se perdre dans le développement des bourgeons et de la reporter sur les sarments et sur les raisins. Les boutons de la base des sarments deviennent plus fertiles et les raisins prennent un plus grand développement.

M. Trouillet soumet à ce traitement et taille à coursons les cépages les plus fins qui, ordinairement exigent. la taille longue pour donner du fruit, leurs boutons inférieurs étant presque toujours stériles ; les pincements répétés fécondent ces boutons qui portent, chez lui, autant de fruits que ceux des Gamays.

De l'accolage ou palissage.

L'accolage est l'opération par laquelle on attache les pampres de la vigne sur les échalas ou les fils de fer.

On doit commencer l'accolage dès que la floraison est terminée. La ligature, pour laquelle on emploie ordinairement du jonc ou de la paille mouillée, ne doit pas être faite au-dessous du troisième bouton qui se trouve au-dessus de la grappe la plus élevée. Il faut, en outre, éviter de trop serrer les pampres, ce qui emprisonne les raisins au milieu des feuilles, les prive de l'action de l'air et du soleil et peut occasionner leur pourriture.

Une ligature trop serrée a aussi l'inconvénient de paralyser les importantes fonctions que la nature a départies aux feuilles et souvent de les faire périr.

Les vignerons ne doivent pas ignorer combien les feuilles sont indispensables à l'accroissement des plantes et à la formation des fruits. C'est d'elles que dépend la récolte suivante, ainsi que la beauté et la qualité du fruit. Lorsque, par suite de maladie ou de la mort des feuilles, les boutons ne peuvent pas en recevoir leur nourriture, les grappes auxquelles ils donnent naissance coulent toujours. Il est donc nécessaire de conserver les feuilles aussi intactes que possible.

L'accolage doit être répété lorsque les bourgeons qui n'avaient pas d'abord une longueur suffisante, ont pris un assez grand développement pour pouvoir être enfermés par la ligature.

Accolage avec du fil de fer.

J'avais essayé, en 1863, de me servir de fil de fer pour palisser mes vignes et j'avais fait faire environ vingt mille agrafes dans cette intention; mais ces agrafes avaient des inconvénients qui m'y ont fait renoncer.

Après y avoir bien réfléchi, je me suis arrêté à l'idée la plus simple, et, comme cela arrive presque toujours, c'est la meilleure.

Au printemps dernier, j'ai fait couper quelques masses de fil de fer recuit, n° 10, en morceaux de 28 à 30 centimètres de longueur, et j'en ai palissé une petite étendue de vigne, en entourant simplement les sarments avec le fil de fer. L'action des vents n'a pas desserré un seul de ces liens qui n'ont offensé aucun sarment. La rapidité avec laquelle on peut faire ce palissage procure sur l'accolage à la paille une économie de temps telle, que le prix du fil de fer doit être payé en peu d'années par l'économie de main-d'œuvre qui en résulte, surtout lorsque la paille est chère.

Accolage sans ligature.

Les propriétaires, qui ont remplacé les échalas par des fils de fer, peuvent accoler les pampres de leurs vignes sans aucune ligature, mais à la condition d'avoir trois fils de fer pour chaque ligne de ceps.

Dans mon vignoble, les fils de fer ont été, jusqu'à présent, placés ainsi : le premier à 30 centimètres au-dessus du sol, le second à 60 centimètres et le troisième à 90 centimètres. Toutefois, afin d'éviter autant que possible les gelées dont mes vignes ont été frappées pendant quatre années consécutives, j'ai l'intention d'élever un peu mes souches ; dans ce cas, je placerai le premier fil de fer à 40 centimètres au-dessus du sol, le second à 70 centimètres, et le troisième à 1 mètre.

Avant le printemps de 1874, j'avais toujours fait accoler les pampres avec de la paille, du jonc ou du fil de fer ; mais frappé des inconvénients résultants de la ligature, j'ai essayé de faire accoler les sarments en les croisant avec les fils de fer, c'est-à-dire en les passant à droite du premier fil de fer, à gauche du second, puis à droite du troisième, *et vice versa*.

Cet accolage m'a parfaitement réussi : l'opération s'exécute plus promptement, les sarments sont libres, mieux étalés et se tiennent suffisamment bien sans ligature.

Dans quelques contrées, l'accolage est d'une nécessité absolue; dans d'autres, c'est une opération nuisible. Ainsi, dans les plaines de l'Hérault et probablement dans une grande partie des vignobles du Midi, on n'accole pas, et l'on fait bien, car la chaleur y est tellement forte, que si on accolait la vigne, le soleil dessècherait entièrement la terre et grillerait les raisins. Les pampres y courent à leur gré et finissent par couvrir toute la surface du sol, qu'ils tiennent dans une fraîcheur continuelle, grâce à leur ombrage.

Dans le Nord, au contraire, le climat étant moins chaud et plus humide, il est indispensable d'accoler soigneusement les pampres, afin de faciliter leur insolation et de permettre aux rayons solaires de réchauffer la terre et d'en enlever l'humidité qui nuirait à la maturité des raisins et les exposerait à pourrir.

Du rognage.

Le rognage consiste à couper les sarments à une certaine hauteur au-dessus de terre. Cette hauteur varie nécessairement selon la vigueur de la vigne et l'espèce de cépage ; mais il faut, en général, laisser aux pampres une longueur de un mètre à un mètre vingt centimètres.

Le rognage se fait ordinairement fin juin ou au commencement de juillet, selon que la végétation a été plus ou moins hâtive.

Il y a beaucoup de départements où le rognage n'est pas pratiqué, mais dans tous les bons vignobles on y a recours.

Cette opération a pour but de faire grossir les raisins et de féconder les boutons destinés à donner la récolte suivante. Aussi est-elle recommandée par la plupart des auteurs et notamment, par Lenoir, qui, à ce sujet, s'exprime ainsi : « Qu'on compare un pêcher en plein vent à un autre planté en espalier ; le premier n'éprouve aucun retranchement ; qu'arrive-t-il ? Toute la végétation se porte dans le haut, l'arbre se dégarnit du bas, et c'est au sommet de ses rameaux que se montrent les boutons qui doivent produire des fruits médiocres. Le pêcher cultivé est soumis à la taille ; on l'ébourgeonne plus tard, on pince les branches qui s'emportent, on casse les jeunes pousses, pour les forcer à former des boutons à fruit le plus près possible de la branche d'où elles sont sorties ; enfin plus tard on effeuille légèrement, pour que les fruits reçoivent plus directement l'influence du soleil ; c'est absolument la même culture que celle de la vigne. Qu'en résulte-t-il ? des fruits superbes, excellents et qui mûrissent plus tôt dans notre climat disgracié que dans un autre plus favorable, lorsque l'arbre n'y reçoit pas les mêmes soins.... Le rognage de la vigne est fait précisément dans le même but que le pincement du pêcher ; c'est-à-dire pour forcer les nœuds inférieurs à se former en nœuds à fruit ; sans cette opération, ces nœuds ne jetteraient jamais que des rameaux stériles, ce qui forcerait à allonger la taille outre mesure, pour ne pas retrancher les nœuds fertiles. »

Les sarments rognés grossissent beaucoup après cette opération ; ils prennent en diamètre ce qu'ils auraient acquis en longueur s'ils n'avaient pas été rognés. Ces sarments étant plus forts, plus robustes, peuvent nourrir un plus grand nombre de raisins qu'ils n'auraient pu le faire sans le rognage.

« Le rognage des pampres et des sarments destinés à la taille suivante a pour effet de faire sortir les contre-bourgeons de ces sarments, d'augmenter ainsi leur force, leur diamètre et le nombre de leurs vaisseaux séveux. Les boutons qui se forment dans l'angle du sarment et du contre-bourgeon sont énormes ; ils contiennent toujours deux embryons fructifères au moins, et les vaisseaux séveux des contre-bourgeons retranchés à la taille sèche servent à nourrir les grappes qui prennent ainsi un beau volume (1). »

De l'effeuillage.

Je puis dire de l'effeuillage ce que j'ai dit de l'ac-

---

(1) Jules Guyot, *Rapport sur le Sud-Ouest*, page 213.

colage ; utile dans le Nord pour faciliter la maturité complète des raisins, il serait nuisible dans le Midi ; car les raisins étant découverts, seraient grillés par le soleil. Je crois que les avantages de cette opération ne compenseraient pas, ailleurs que dans le Nord, les frais auxquels elle donnerait lieu.

Des engrais et amendements.

De tous les végétaux, la vigne est peut-être celui qui, pour sa nourriture, tire de la terre la plus grande quantité de substance. L'abondance de la sève qui s'écoule des plaies qui lui sont faites par la taille, et son énorme production annuelle de bois, de feuilles et de fruits en sont la preuve. Il est donc nécessaire de restituer à la vigne, par des amendements ou des engrais, les principes fertilisants que cette production lui enlève.

Mais chaque espèce d'engrais ne convient pas indistinctement à tous les sols. Ainsi, un sol léger pouvant facilement s'échauffer, n'a pas besoin d'un engrais aussi actif qu'un terrain argileux naturellement· humide. Au premier on doit donner du fumier de bêtes à cornes et de porcs, et réserver au second le fumier de cheval, de mouton et de chèvre.

Certains auteurs prétendent qu'il ne faut pas soutenir la vigueur de la vigne par des fumiers qui, disent-ils, communiquent un mauvais goût au vin. M. Jules Guyot nie cette assertion et fait remarquer que les melons et les fraises poussent dans une épaisse couche de fumier et conservent néanmoins tout leur sucre et leur parfum.

Il se peut que si l'on fumait outre mesure, et si l'on n'avait pas la précaution d'enfouir les fumiers, la qualité du vin en serait altérée ; mais tant que la fumure ne dépasse pas la quantité nécessaire à la végétation et à la production normale de la vigne, on ne doit pas craindre d'abaisser d'une manière notable la qualité du vin.

Néanmoins il est certain que les vignes fumées avec des varechs produisent du vin d'un goût détestable. Mais on n'a jamais constaté que le vin provenant de vignes fumées avec du fumier d'étable ait contracté le moindre mauvait goût, si le fumier a été convenablement enfoui.

Quoi qu'il en soit, il est certain que plus une vigne est vigoureuse, moins son vin contient d'alcool et conséquemment moins il est bon. Or, comme les engrais ont pour objet spécial d'augmenter la vigueur de la vigne, il en résulte qu'une vigne fortement fumée doit donner du vin inférieur à celui qu'elle produisait auparavant. Mais ce vin n'a pas de mauvais goût ; il manque d'alcool, il est faible et moins bon.

Dans le Médoc on fume peu la vigne ; en Bourgogne on soutient sa vigueur avec des marcs de raisins, des terres fertiles et des compots. Dans ces vignobles renommés on agit sagement en fumant peu, parce que les engrais activant la vigueur de la vigne, il en résulte que les raisins contiennent moins de matière sucrée et conséquemment moins d'alcool. Et comme l'alcool jouit de la propriété de dissoudre les éthers et les corps gras, il est ainsi la base des parfums. Donc plus un vin est alcoolique et plus le bouquet inhérent au cépage est développé.

Mais dans tous les vignobles où l'on produit des vins médiocres ou ordinaires, les vignerons doivent viser à la plus grande quantité possible, sans abaisser la qualité, et fumer leurs vignes lorsque la végétation faiblit.

Dans les sols dépourvus de principes calcaires, la marne, la chaux et le plâtre sont d'excellents amendements.

Dans les sols argileux, l'apport de terres légères produit un bon effet ; de même dans les terrains légers l'apport de terres argileuses.

Les mottes de pré mises en tas pendant un an, puis portées dans les vignes, en accroissent la vigueur et la fécondité. Il en est de même des terres brûlées ou cendres d'écobuage qui, assure-t-on, augmentent aussi la spirituosité du vin.

Les vases des mares et étangs sont très-riches en matières organiques en décomposition ; mais elles ont des propriétés acides qui exigent un séjour prolongé à l'air avant d'en faire usage. En y mélangeant de la cendre de chaux, on peut les employer sans danger au bout de quelques mois.

Aujourd'hui, grâce aux découvertes des chimistes,

on est arrivé à connaître les éléments constitutifs des végétaux et à savoir quelle est l'espèce d'engrais qui convient plus particulièrement à chacun d'eux.

Ainsi, d'après M. de Gasparin, pour cent kilogrammes de raisins, on a les matières suivantes :

Kilog.		Azote.		Potasse.	
62 50 de vin contenant......	». »			0.35	
		0.30			0.56
16 66 de marc sec, contenant.	0.30			0.21	
187 » de sarments secs, id...	0.50			0.47	
		2.84			0.35
123 42 de feuilles sèches id,..	2.34			0.18	
	3.14			0.91	

Cette analyse démontre le rôle important que la potasse joue dans la fructification de la vigne, tandis que celui de l'azote y est presque nul, puisque le vin n'en contient pas et qu'il n'y en a que 0 k° 30 dans le marc de 100 kilogrammes de raisins.

On peut donc parfaitement se rendre compte, au moyen de ce tableau, des éléments potassés et azotés qu'il convient de donner au sol de la vigne, pour lui restituer ce que les récoltes lui enlèvent.

Pour produire un hectolitre de vin, il faut environ 150 kilogrammes de bonne vendange ordinaire. Ce poids de raisins, ainsi que les sarments et les feuilles de l'année, enlèvent à la terre 4 kilog. 71 grammes d'azote et 1 kilog. 36 grammes 1/2 de potasse, qu'il s'agit de restituer au sol, si l'on veut maintenir la vigueur et la fécondité de la vigne.

En supposant des récoltes de cinquante hectolitres de vin à l'hectare, il faudra, chaque année, donner à la vigne 235 kilog. d'azote et 68 kilog. de potasse.

Si une vigne a beaucoup de bois et peu de raisins, il faut lui donner des engrais potassés, afin d'augmenter sa production. Au contraire, il faut fumer les vignes pauvres en bois avec des engrais contenant une grande quantité d'azote et peu ou point de potasse.

Les débris de cornes, les os concassés, les déchets de laine sont très-riches en azote, et comme ils se décomposent lentement, leur action a beaucoup de durée.

Les marcs de raisins, les sarments et les feuilles sont riches en azote et en potasse ; les cendres de bois contiennent beaucoup de potasse et sont un excellent engrais pour la vigne.

La compagnie des Salins du Midi fabrique des engrais alcalins sulfatisés qui ne sont pas chers, eu égard aux matières fertilisantes qu'ils contiennent, d'après l'analyse donnée et que voici :

Sulfate de potasse......................	323
Sulfate de soude.......................	282
Sulfate de magnésie....................	366
Chlorure de sodium (sel marin)..........	5
Matières insolubles	9
Eau	15
	1,000

Cet engrais coûte, en sacs perdus, 14 francs les 100 kilog. pris au salin de Berre.

Toutefois il y aurait de très-grands inconvénients à employer exclusivement cet engrais, dont la richesse en potasse est telle, qu'il épuiserait promptement la vigne en surexcitant la production du fruit, au détriment de celle du bois. Il faut donc absolument lui adjoindre des engrais azotés en quantité suffisante pour activer la végétation.

Tous les arbrisseaux, mais plus particulièrement ceux à feuilles persistantes, peuvent être avantageusement employés à la fumure des vignes, après avoir été froissés par les pieds des chevaux ou par une meule à chanvre. Tels sont les bruyères, les ajoncs, les cistes, le buis, les bouts de branches de tous les arbres verts, les tontes de haies, etc.... qui contiennent une assez grande proportion de potasse.

Les boues de rues contiennent aussi beaucoup de potasse et sont un excellent engrais pour la vigne.

Mais, je ne saurais trop le répéter, il serait dangereux d'avoir souvent recours aux engrais potassés qui favorisent spécialement la production du raisin. Cette fertilité ne s'obtiendrait qu'aux dépens de la vigueur des ceps qui bientôt ne développeraient plus que des sarments courts et grêles. Il est donc nécessaire que les engrais potassés contiennent beaucoup d'azote, afin d'augmenter en même temps la vigueur de la vigne et la production du fruit.

Quantité d'engrais à mettre dans les vignes.

La quantité d'engrais à déposer dans les vignes ne

peut guère être précisée ; elle dépend de l'état de la vigne, du degré de vigueur qu'on veut lui donner et du cépage. Certains plants sont, en effet, très-avides d'engrais, tandis que d'autres sont beaucoup moins exigeants. Si l'on vise surtout à la quantité, il faut donner beaucoup d'engrais à la vigne et lui en donner peu si l'on recherche avant tout la qualité. Dans ce cas les amendements sont préférables aux engrais.

Dans le canton de Vaud (Suisse), on met dans chaque hectare de vigne soixante-cinq mille kilogrammes de fumier tous les trois ans, et le produit annuel est de cent vingt hectolitres.

On a constaté que l'abondance de la récolte est toujours en rapport avec la quantité d'engrais employée.

La meilleure manière d'appliquer l'engrais est de l'enfouir à 12 ou 15 centimètres dans terre, au milieu des rangées de ceps. Cette opération longue et difficile dans les vignes en foule, se fait rapidement et d'une manière parfaite dans les vignes en lignes cultivées à la charrue.

Avec un buttoir on ouvre, au milieu de chaque intervalle, un sillon assez profond pour y enfouir le fumier ; puis on passe la charrue de chaque côté du sillon pour recouvrir l'engrais.

Autant que faire se peut, il faut fumer les vignes avant l'hiver, afin que les engrais aient le temps de se décomposer et que la vigne puisse s'emparer de leurs éléments fertilisants au moment où la végétation se réveille.

Renouvellement des ceps.

Parvenue à un certain degré de décrépitude qui arrive tôt ou tard, selon les circonstances locales, la nature du cépage, une bonne ou une mauvaise taille et les soins qu'elle a reçus, la vigne ne donne plus des produits rémunérateurs et il y a intérêt à la renouveler.

Plusieurs causes peuvent, ensemble ou séparément, produire cet état de choses ; l'âge de la vigne, l'épuisement du sol et surtout la forme tortueuse des ceps, ainsi que le grand nombre de nodosités dont ils sont couverts par suite d'une taille vicieuse et qui opposent à la circulation de la sève un obstacle qu'elle ne peut franchir qu'avec la plus grande peine.

On emploie plusieurs moyens pour opérer le renouvellement des ceps ; le provignage, le marcottage et le recépage des souches.

Le marcottage est bien préférable au provignage ; mais si la vigne est dans un état avancé de décrépitude, il est difficile de trouver des sarments assez forts et assez longs pour pouvoir être marcottés. Les marcottes ne doivent être détachées de la souche qu'après la seconde année.

Le recépage se pratique de plusieurs manières :

Dans beaucoup de vignobles, on utilise la présence d'un sarment venu à la base du cep pour remplacer la souche que l'on rabat à quelques centimètres au-dessus du point d'attache de ce sarment.

Ailleurs on coupe la souche près de terre et l'on choisit le plus beau sarment parmi ceux qui se sont développés au-dessous de la section, pour reconstituer le cep.

Dans la Saintonge, on déchausse les souches et on les coupe à quelques centimètres au-dessous du sol. Au printemps suivant, il naît au dessous de la section plusieurs bourgeons parmi lesquels on choisit les deux plus vigoureux et l'on supprime les autres. Lors de la taille suivante, on taille le plus beau bourgeon à deux yeux hors de terre ; on déchausse la souche afin de supprimer les autres au rez du cep, puis on rechausse la souche avec soin.

Ce dernier recépage est préférable aux autres en ce que le sarment conservé peut jeter des racines qui en font toujours un jeune cep; mais il peut arriver qu'un certain nombre de souches meurent d'une véritable attaque d'apoplexie, si on ne laisse pas un sarment un peu long pour donner une issue suffisante à la sève.

Dans tous les cas, après l'une ou l'autre de ces opérations, il faut fumer abondamment la vigne, afin d'activer le plus possible sa végétation.

Des intempéries.

Les intempéries qui nuisent le plus à la vigne sont les gelées, la coulure et la grêle.

Gelées d'automne.

Lorsque les gelées surviennent avant que la maturité soit complète, le raisin se flétrit, sa maturation s'arrête et il se décompose rapidement.

Il n'y a qu'un moyen d'en préserver les vignes, moyen malheureusement trop coûteux pour être employé ailleurs que dans les vignobles renommés : ce sont les abris en toile ou en paille tissée.

Ces gelées ont aussi une influence funeste sur les vignes plantées au printemps précédent. Les bourgeons n'ayant pas encore eu le temps de s'aoûter sont entièrement détruits et ne repoussent pas l'année.

Gelées d'hiver.

Malgré que la vigne puisse résister à un abaissement assez considérable de la température, il arrive parfois que l'intensité de la gelée est telle, qu'elle détruit les sarments ; parfois même les souches sont si fortement atteintes qu'elles périssent. Cela a lieu surtout lorsque la gelée survient immédiatement après une pluie, ou après la fonte de la neige ; il se forme alors sur les ceps un verglas qui contribue à rendre la gelée plus meurtrière.

L'hiver de 1870-71 a été tellement rigoureux, que, dans certains vignobles, la plupart des vieilles vignes ont été entièrement gelées. Toutefois ces accidents sont rares et les moyens qu'on pourrait employer pour les prévenir ne seraient pas payés par le résultat obtenu.

Dans quelques vignobles très-sujets aux gelées d'hiver, on enterre les ceps en automne et on les découvre à la fin de février.

Gelées de printemps.

Les gelées tardives sont le plus grand et le plus fréquent fléau pour la vigne dans les régions centrale et septentrionale, surtout si elles ont lieu du 15 avril au 20 mai. Les bourgeons rudimentaires ou à l'état herbacés sont alors très-sensibles à la gelée qui les altère souvent au point de les anéantir, et avec eux la récolte de l'année.

Sur certains cépages tels que les Gamays, les bour-

geons étant gelés, on voit souvent les contre-bourgeons donner quelques grappes, mais seulement lorsque les bourgeons ont été atteints avant d'avoir absorbé
une grande quantité de sève. Ces gelées sont presque
toujours le résultat du rayonnement.

J'ai expliqué sommairement, à l'article *Labours*
les causes et les effets du rayonnement ; je n'y reviens
pas.

Les ravages de la gelée sont d'autant plus considérables que le dégel est plus prompt. Aussi, les vignobles situés au levant souffrent-ils plus que ceux à
l'exposition du couchant.

Dès l'antiquité on a cherché les moyens de soustraire les vignes à l'action des gelées de printemps.
Un des moyens indiqués consiste à couvrir les vignes
d'un nuage de fumée afin d'intercepter les rayons
solaires et empêcher un dégel aussi prompt. A cet effet,
et lorsque les gelées blanches sont à craindre, on
dispose autour de la vigne, de distance en distance,
des tas de mauvais foin, de paille, de feuilles, etc.,
que l'on maintient un peu humides.

On surveille le temps chaque jour de très-grand
matin, et, si l'on craint la gelée, on met le feu aux
tas qui sont placés du côté d'où vient le vent; alors la
fumée est chassée sur la vigne et la couvre d'un véritable nuage qui s'oppose au rayonnement.

Il est prudent d'entretenir cette fumée jusqu'à dix
ou onze heures du matin, afin que le dégel soit aussi
lent que possible.

Sur l'initiative prise par le vicomte Armand de La

Loyère, des expériences ont été faites en février 1873 à Suresnes, sous les auspices de la société des agriculteurs de France, pour préserver les vignes des gelées printanières, au moyen de nuages artificiels produits par de l'huile lourde, résidu de la distillation des goudrons, qu'on fait brûler dans des vases en fonte placés de distance en distance sur le bord de la vigne à préserver et du côté où souffle le vent. Ces expériences ont été très concluantes.

Mais, quoique l'huile lourde soit à bas prix, la dépense ne laisserait pas de devenir importante si l'on employait ce moyen chaque fois que le temps est clair et qu'on craint la gelée. M. Lefèvre, lieutenant-colonel en retraite, indique un moyen, dont il affirme l'infaillibilité, pour connaître d'avance les jours de gelée au mois de mai. Ce moyen consiste à noter avec soin les jours de forts brouillards pendant le mois de mars, assurant qu'en mai il y aura gelée blanche les jours correspondants, soit un jour avant, soit un jour après.

Je n'oserais pas soutenir que ce moyen est aussi infaillible que le prétend M. Lefèvre ; mais les vignerons peuvent facilement s'en assurer en faisant les observations nécessaires pour voir s'il y a véritablement coïncidence entre les brouillards de mars et les gelées de mai. Toutefois, comme les gelées ont souvent lieu en avril , M. Lefèvre devrait bien compléter son système et indiquer aux vignerons le moyen de prévoir les gelées d'avril.

Je dois dire que la théorie du colonel Lefèvre s'est heureusement trouvée en défaut au printemps der-

nier ; j'avais remarqué le 14 et le 16 mars, de forts
brouillards dans ma commune, et je m'attendais à
voir geler mes vignes le 14 et le 16 mai ; il n'en a
rien été.

En Bourgogne et en Touraine, on réunit en petits
faisceaux les sarments de la taille et on les fixe horizontalement au-dessus des ceps.

M. Perrier, grand viticulteur à Aï, emploie un procédé qui a beaucoup d'analogie avec le précédent. Il
réunit des tiges de genêt en forme d'éventail et il les
place obliquement au-dessus des ceps, de manière à
ce que le soleil levant ne les frappe pas.

M. Jules Guyot est le premier qui ait eu l'idée
d'appliquer aux vignobles les paillassons dont on se
sert dans les jardins. Il indique, dans son excellent
ouvrage sur la culture de la vigne et la vinification,
la manière de se servir des paillassons pour garantir
la vigne de toutes les intempéries. Il est aussi l'inventeur d'un métier à tisser économiquement ces
paillassons.

M. Dubreuil conseille la toile au lieu des paillassons ; il prétend qu'il y a économie et que la manœuvre
est plus facile.

Quoi qu'il en soit, les abris en toile ou en paille
tissée sont d'un prix trop élevé pour que leur emploi
soit rémunérateur dans les vignobles produisant des
vins ordinaires ; ils ne peuvent être utilisés avec
profit que dans les grands crûs du Médoc, de la Champagne, de l'Hermitage et de la Bourgogne.

Tout ce qui tend à intercepter les rayons solaires

après une gelée tardive, ou à en diminuer la chaleur, peut être un préservatif contre l'effet de ces gelées.

Le mal qu'éprouvent les vignes par suite d'une gelée est principalement occasionné par le soleil lorsque s'élevant au-dessus de l'horizon, il frappe de ses rayons toutes les gouttelettes cristalisées par le froid et qui forment autant de prismes et de lentilles augmentant l'intensité de la chaleur ; ces cristallisations produisent le même effet qu'un verre grossissant. Si donc ces cristallisations étaient enlevées de dessus la vigne par un moyen quelconque, le mal serait considérablement atténué.

Ne serait-il pas possible, en cas de gelée, de faire parcourir les vignes avant le lever du soleil, par un grand nombre d'hommes qui, armés de bâtons, en frapperaient les ceps pour faire tomber les glaçons ? Les glaçons tombés, la cause du mal disparaîtrait. J'emploie ce moyen avec succès pour faire tomber le chapeau laissé par la fleur sur les grains naissants du raisin, lorsque la pluie ne vient pas se charger elle-même de ce soin.

Le meilleur moyen, non pas de préserver les vignes des gelées printanières, mais d'en atténuer autant que possible les désastreux effets, est celui indiqué par le docteur Jules Guyot. Ce moyen, on le sait, consiste, lors de la taille, à laisser sur chaque cep, même taillé à coursons, un sarment entier sans le palisser jusque vers la fin du mois de mai, alors que les gelées ne sont plus à craindre. Sur les sarments laissés de toute leur longueur il y a toujours un certain nombre de boutons, surtout ceux rapprochés de la base, qui restent à l'état latent. Si donc les bourgeons des coursons sont gelés, on laisse au sarment entier un nombre de boutons suffisants pour remplacer ceux qui ont été anéantis. Si, au contraire, la vigne n'a pas subi la gelée, on taille ce sarment à deux yeux comme les autres.

De la coulure.

Lorsque la température s'abaisse sensiblement pendant quelques jours, au moment où les grappes se développent, il en résulte un arrêt dans la circulation de la sève et par suite dans la végétation. Les boutons qui portent les jeunes grappes avortent et les raisins se transforment en vrilles.

Plus tard, lorsque la vigne est en fleur, la même cause produit le même effet. La végétation se trouve suspendue au moment où la vigne en a le plus besoin pour la fécondation qui ne s'accomplit pas ou s'accomplit imparfaitement.

Dans le premier cas, les grappes sèchent et tombent ou se convertissent en vrilles ; dans le second cas, les grains de raisins ne prennent pas leur développement normal, ce qu'on appelle milletage.

Les pluies persistantes ont la même action funeste sur la fleur de la vigne.

Un propriétaire de la Gironde, M. Housset, prétend qu'en déchaussant les ceps, lors de la première façon, et en les laissant dans cet état jusqu'à la maturité, on préserve la vigne de la coulure.

Les abris en toile ou en paille tissée sont aussi un bon préservatif contre ce fléau.

L'incision annulaire préserve de la coulure.

L'incision annulaire de la vigne, pratiquée au moment de la floraison, et plutôt au début qu'à la fin, est employée avec succès pour empêcher la coulure.

C'est à M. Lambry, propriétaire à Mandres (Seine-et-Oise), que l'on doit, sinon l'invention, tout au moins la pratique primitive de l'incision annulaire. Après beaucoup d'essais nuls ou incertains, il était parvenu, en 1776, à se fixer sur le mérite de cette opération. Depuis lors, l'efficacité de ce moyen d'augmenter la grosseur des fruits et leur maturité a été constatée, ainsi que ses bons effets préservatifs contre la coulure de la vigne.

L'incision annulaire consiste à enlever un anneau d'écorce sur un sarment, au moyen d'une pince à double lame, avec laquelle on saisit le sarment qu'on veut inciser, puis on lui imprime un mouvement tournant de manière à couper régulièrement l'écorce sur toute la circonférence du sarment. Une largeur de 1 ou 2 millimètres suffit à la vigne. Il est même préférable de ne faire qu'une incision circulaire simple à laquelle la vigne se prête parfaitement. Cette incision simple peut se faire avec des ciseaux ordinaires que l'on échancre à leur point de contact.

M. Charles Baltet, excellent arboriculteur à Troyes, obtient de remarquables résultats de l'incision annulaire appliquée à ses treilles, qui ne sont jamais atteintes par la coulure, et portent des grappes magnifiques, dont la maturité est de quinze jours plus hâtive, grâce à cette opération.

M. Baltet a constaté que l'incision a plus d'efficacité dans un pays froid au printemps, d'une température inégale en été, brumeux en automne ; sous un climat rigoureux, humide, tardif ; dans un sol riche, fournissant une plantureuse végétation ; avec des cépages vigoureux, robustes, produisant des raisins à maturité tardive ou sujets à la coulure ; sur les vignes taillées à longs bois plutôt que sur celles taillées à coursons.

Mais si l'incision annulaire a des avantages, elle présente aussi des inconvénients. Ainsi il ne faudrait pas faire cette opération sur des sarments faibles, sur un cep malingre, ni l'appliquer à une vigne plantée dans un terrain pauvre et sous un climat trop sec.

Il ne faut jamais inciser un sarment destiné à former ou à continuer la charpente du cep ; il faut exclusivement inciser les sarments qui doivent être supprimés à la taille suivante.

Pour les vignes taillées à long bois, si on ne laisse pas de courson de remplacement, il faut pratiquer l'incision annulaire sur la branche à fruit, au-dessus du second bouton franc, afin que ces boutons aient une plus grande vigueur et puissent fournir le courson et la branche à fruit de l'année suivante. Lorsqu'on laisse un courson de remplacement, on doit inciser la branche à fruit à sa base. Mais si on veut alterner chaque année le courson et la branche à fruit, ainsi que je l'ai expliqué, il faut pratiquer l'incision entre le premier et le deuxième bouton franc de la branche à fruit, afin que le premier bouton donne un jet vigoureux, qui fournira un bon courson à la taille suivante.

M. de Tarrieux, président de la société d'agriculture de Clermont-Ferrand, incise ses vignes taillées à long bois ; il obtient, par cette opération, une plus grande abondance de raisins et une maturité plus prompte.

Tous les vignerons qui voudront s'assurer des bons résultats produits par l'incision annulaire, devront faire l'expérience suivante : inciser un courson entre le premier et le deuxième bouton ; ils pourront alors se convaincre que les grappes au-delà de l'incision seront belles et mûres, quand celles placées en deçà seront plus petites et seulement en état de véraison.

De la grêle.

La grêle est un des plus terribles fléaux pour la vigne, parce qu'il est aussi impossible de le prévoir que d'y porter remède. La violence et la rapidité de son action sont telles, qu'il suffit souvent de quelques minutes pour qu'un vignoble soit entièrement ravagé.

En 1864, j'avais l'espoir d'une récolte magnifique,

et il n'a pas fallu plus de dix minutes pour l'anéantir complètement et compromettre la récolte suivante, au point que je n'ai pas eu le quart d'une récolte ordinaire.

Le seul remède à ce fléau est, comme le dit le comte Odart, la compagnie d'assurances.

Si, après une grêle, les bourgeons sont tellement mutilés, qu'ils ne puissent plus pousser que des sarments trop chétifs pour donner du fruit l'année suivante, il faut, mais seulement dans le cas où le désastre aura eu lieu avant le 10 juin, il faut, dis-je, tailler la vigne comme à la taille sèche, mais ne laisser à chaque courson qu'un œil au lieu de deux, afin de faire développer des sarments vigoureux susceptibles de porter du fruit. Il conviendra aussi de donner immédiatement un labour à la vigne, afin de surexciter la végétation.

Maladies et insectes parasites de la vigne.

La vigne n'est pas seulement exposée aux désastres causés par les intempéries ; elle est encore sujette à diverses maladies et surtout aux attaques d'un grand nombre d'insectes plus ou moins dangereux pour son existence.

Jaunisse ou chlorose.

Cette maladie a pour caractère principal le changement de couleur des feuilles, qui, de vertes, deviennent jaunes. Cette affection est surtout attribuée à une espèce d'atonie qui suspend les fonctions des tissus cellulaires des feuilles et s'oppose à la formation de la chlorophylle, substance à laquelle est due la couleur verte des feuilles. Cette atonie a presque toujours pour cause un état de souffrance des racines, occasionné tant par l'humidité du sol que par les attaques des larves de certains insectes.

Rougin.

Lorsque la vigne est atteinte de cette maladie, ses feuilles prennent une teinte rouge foncé, et elles finissent par tomber. Cette maladie entraîne parfois la mort des ceps.

Une dissolution de sulfate de fer, dans la proportion de deux kilogrammes pour cent litres d'eau, est très-bonne pour guérir la jaunisse et le rougin de la vigne ; on en arrose abondamment les ceps malades.

Oïdium Tukeri.

Cette maladie, l'une des plus redoutables pour la vigne, se montre d'abord sur les feuilles, qui semblent saupoudrées d'une poussière d'un blanc terne, et dont elle arrête le développement, ainsi que celui des bourgeons. Bientôt elle envahit les grappes elles-

mêmes qu'elle recouvre également de cette efflores-
cence blanche; les grains se durcissent, se fendent,
acquièrent une saveur amère et se corrompent avant
de mûrir.

Les bourgeons, les feuilles et les sarments se cou-
vrent de taches d'un brun noir; et, lorsque la maladie
revêt un caractère intense, les feuilles se détachent et
les bourgeons sont viciés jusqu'à leur base.. Alors la
récolte de l'année est perdue et souvent celle de l'année suivante; et si les ceps sont atteints de cette
maladie pendant plusieurs années consécutives, ils
périssent.

Cette maladie est attribuée à un champignon mi-
croscopique du genre Oïdium, de la famille des mu-
cédinés.

C'est un jardinier anglais, nommé Tuker qui, le
premier, a signalé en 1845 l'apparition, dans les serres
de Margate, de ce cryptogame auquel on a donné son
nom : *Oïdium Tukeri.*

Aujourd'hui cette maladie n'exerce plus autant de
ravages, grâce au moyen curatif employé, dès 1853,
par M. Rose Charmeux, qui, je crois, a, le premier,
fait usage de la fleur de soufre à sec pour en saupou-
drer la vigne.

Plusieurs instruments ont été inventés pour projeter
la fleur de soufre triturée sur les ceps; celui qui est
le plus généralement employé et reconnu le meilleur
est le soufflet inventé par M. de Lavergne.

On pratique le premier soufrage aussitôt que les
bourgeons ont une longueur de quinze centimètres;

le second au moment de la floraison, et le troisième lorsque les raisins ont atteint le tiers de leur grosseur.

Il est néceesaire de choisir un beau temps pour faire ces opérations, et si, immédiatement après l'une d'elles, il survenait une forte pluie, il faudrait la recommencer.

Les deux premières fois on doit soufrer tout le cep; la troisième fois il suffit de soufrer les grappes.

Liébig recommande de fumer la vigne avec des cendres de bois afin de donner au sol la potasse qui lui manque et qui, selon lui, est le meilleur préservatif de l'Oïdium.

Eumolpe de la vigne.

L'Eumolpe de la vigne est connu des vignerons sous les noms de Gribouri et d'Ecrivain; il a les élytres d'un rouge brun et le reste du corps noir. On le trouve dans les vignes à partir du mois de juillet.

Son nom d'écrivain lui vient de ce que, en rongeant les feuilles, il y trace des lignes qui ressemblent à des caractères d'écriture.

Parfois le Gribouri s'attaque aux raisins qu'il dessèche; mais c'est surtout à l'état de larve qu'il fait le plus de ravages. Cette larve est un petit ver d'abord blanchâtre, puis de couleur brune qui passe l'hiver en terre et y ronge les racines de la vigne.

M. le baron Paul Thénard conseille, pour le détruire, de répandre sur le sol, avant la première façon, des tourteaux de graines oléagineuses bien concassés et qui n'aient pas été chauffés au-delà de quatre-vingts degrés, car alors l'huile essentielle de moutarde qui tue ces insectes aurait disparu. Immédiatement après, on donne un labour pour enterrer ces tourteaux concassés, et il faut répéter l'opération tous les trois ans. La quantité employée par hectare est de douze cents kilogrammes.

On indique aussi comme moyen destructif de cet insecte l'emploi de la chaux vive en poudre. A l'automne ou au printemps, par un temps sec, on creuse la terre à douze centimètres de profondeur tout autour du cep ; on y dépose une poignée de cette chaux et l'on recouvre le trou. Il faut ensuite s'abstenir pendant quelque temps de travailler la vigne ; mieux vaudrait encore ne pas la travailler de l'année, mais donner seulement quelques légers binages pour détruire les herbes.

Attelabe de la vigne.

L'Attelabe de la vigne que l'on nomme Becmars et Lisette, est un coléoptère dont les élytres sont vertes ou bleues. Il ronge les feuilles et les jeunes bourgeons, et la femelle pond ses œufs dans une feuille qu'elle roule,

Il est facile de détruire l'Attelabe en suivant tous les ceps et en ramassant dans un panier toutes les feuilles roulées que l'on brûle ensuite. L'emploi de la chaux vive, de la manière que je viens d'indiquer, détruit l'Attelabe.

Altise bleue.

L'Altise est un coléoptère que l'on désigne aussi sous les noms de Barbeau et de Puceau. Il paraît vers la fin d'avril et s'attache aux bourgeons et aux grappes, dont il ronge le pédoncule. Il pond ses œufs sur le revers des feuilles, et dans la dernière quinzaine de juin la larve éclot et ronge les feuilles.

On détruit l'Attelabe et l'Altise au moyen d'un entonnoir très-évasé et échancré en forme de plat à barbe, ou mieux encore comme les entonnoirs dont les charcutiers se servent pour faire les saucissons. On insère la base du cep dans l'échancrure et l'on secoue les sarments, afin de faire tomber les insectes dans l'entonnoir, puis on les brûle. Cette opération doit être faite de bon matin. Pour détruire les larves, il faut enlever toutes les feuilles roulées ou déformées et les brûler.

Mans ou vers blancs.

Les larves de hannetons, que l'on nomme Mans, font

beaucoup de mal aux racines de la vigne. Malheureusement on ne connaît encore aucun moyen certain de les détruire. Il faut donc laisser ce soin au corbeau, au hibou, à la chouette et à la chauve-souris, qui dévorent les hannetons, et à la taupe qui se nourrit des larves.

Pyrale de la vigne.

La Pyrale est un lépidoptère qui cause de grands ravages aux vignobles. Elle fait deux fois son apparition dans les vignes ; d'abord, au moment de la floraison, elle dévore les fleurs et les grappes qu'elle enveloppe de fils soyeux ; puis, en automne, on la trouve entre les grains du raisin, où elle tisse encore un voile soyeux.

Autrefois on ne connaissait aucun moyen de détruire la Pyrale, quand, il y a environ quarante ans, M. Raclet, alors greffier du tribunal de commerce de Roanne, découvrit un moyen de destruction aussi simple qu'infaillible. Voici en quoi il consiste : Pendant le repos de la végétation, par un temps sans gelée, sans pluie et sans vent, on verse sur la charpente de chaque cep et sur les échalas, de l'eau bouillante qui, pénétrant dans les anfractuosités de l'écorce, y détruit les larves et les œufs de la Pyrale.

Avant cette découverte, la pyrale causait d'énormes

ravages dans les vignes du Beaujolais. Aujourd'hui, grâce à cette aspersion des ceps, la vigne en est entièrement préservée.

Cochylis.

La chenille de la Cochylis ressemble un peu à celle de la Pyrale ; elle a huit millimètres de longueur et le papillon en a à peu près autant. On la détruit comme la Pyrale, en échaudant les ceps et les échalas.

Phylloxera vastatrix,

De tous les insectes nuisibles à la vigne, le Phylloxera est sans contredit le plus redoutable, car, au lieu de se borner à anéantir la récolte, comme ceux dont je viens de parler, il détruit entièrement la vigne.

Depuis son apparition dans les vignobles français, les entomologistes et les chimistes ont cherché les moyens de détruire le phylloxera ; mais, à part l'immersion des vignes, aucun des moyens préconisés n'a eu jusqu'à présent une véritable efficacité. Cet insecte, qui nous est venu des Etats-Unis d'Amérique, aurait été importé en France avec des plants de vigne. Il s'attaque surtout aux racines, mais, pendant la végétation, on le voit aussi sur les feuilles.

Dans le principe, on conseillait d'arracher et de brûler les souches des vignes attaquées. Ce moyen, par trop héroïque, a été employé dans le Midi et surtout dans le département de Vaucluse ; mais aujourd'hui on y a à peu près renoncé.

On a longtemps agité la question de savoir si le Phylloxera était la cause de la maladie de la vigne, ou s'il n'en était pas plutôt l'effet. Certaines communications faites à l'Académie des sciences donneraient à penser que cet aphidien ne s'attaque qu'aux vignes épuisées par une longue succession de trop abondantes récoltes.

Il pourrait bien se faire, en effet, qu'il y eût là comme une espèce de génération spontanée analogue à celles qui se forment dans les cadavres et les matières végétales en décomposition, telles que les moucherons, les larves, les moisissures, et telles encore que le *Micoderma Aceti* du vin et du vinaigre. C'est du reste ce qui a lieu chez tous les êtres dont le système vital est profondément appauvri, comme aussi dans tous les corps envahis par la corruption. D'après Liébig, l'Oïdium n'a pas d'autre cause ; il affirme que ce cryptogame est le signe extérieur certain de l'épuisement de la vigne ; aussi indique-t-il, comme moyen préventif, les cendres de bois, afin, comme je l'ai dit plus haut, de donner au sol la potasse qui lui manque.

Les recherches qui se font depuis quelque temps ont aussi pour objet la découverte d'insecticides qui soient en même temps de puissants engrais capables d'activer la végétation de la vigne épuisée par une trop abondante production.

Il résulte du rapport du congrès viticole de Montpellier, en 1874, que 259 procédés ont été essayés,
et que ceux qui ont donné les meilleurs résultats,
sont : 1° le sulfure de potassium dissous dans l'urine;
2° un mélange d'engrais sulfatisé de Berre, de tourteaux de colza et de sulfate de fer ; 3° du sulfure de
potassium dissous dans l'eau ; 4° du savon de potasse
dissous dans l'eau ; 5° de la suie; 6° un mélange de
fumier de ferme, de cendres de bois et de chlorydrate
d'ammoniaque ; 7° de l'urine de vache seule ou addi-
tionnée d'huile de cade ou de goudron de gaz.

Trois carrés de vigne traités d'après ces procédés
sont revenus à un état très-florissant; plusieurs autres
sont dans un assez bon état pour faire espérer leur
guérison. Néanmoins le Phylloxera n'a disparu nulle
part. Mais M. Marès pense que la vigne peut vivre et
reprendre sa vigueur malgré les attaques du puceron
lorsqu'elle est placée sous l'influence d'un traitement
approprié.

En avril 1875, M. Dumas a fait, à l'Académie des
sciences, deux communications importantes sur le
Phylloxera. La première est relative aux cartes d'in-
vasion de l'insecte, dressées par M. Duclos, pendant
l'année 1874. La seconde est due à M. Marès. Cet
éminent viticulteur conclut de ses expériences et de
ses observations que l'emploi combiné des engrais,
dans une proportion convenable, avec des agents pouvant produire du sulphydrate d'ammoniaque, ou du
sulfure alcalin, maintient la vitalité de la vigne et
fait disparaître le Phylloxera.

Les sulfo-carbonates alcalins ont aussi donné de bons résultats. Combinés avec les engrais, ils sont de nature à résoudre avantageusement le problème de la vitalité de la vigne. Les vignes traitées à l'automne de 1874, par les sulfo-carbonates, se comportaient bien au printemps de 1875.

En présence des essais sérieux faits en 1874 et du patronage du célèbre chimiste, M. Dumas, on pouvait croire que les sulfo-carbonates nous débarrasseraient du Phylloxera. Mais, depuis lors, on a reconnu, paraît-il, que l'action des sulfo-carbonates, souvent meurtrière pour les ceps, n'est pas d'une grande efficacité, puisque l'on trouve des Phylloxeras vivants sur les ceps auxquels ce traitement a été appliqué.

M. Rohart croyait aussi avoir trouvé un remède à ce terrible fléau : mais M. Mouillefert, chargé par l'Académie des sciences de constater les résultats obtenus, dit dans son rapport au Ministre, que ces résultats sont nuls ou tout au moins insensibles.

M. le vicomte de Saint-Trivier affirme l'efficacité du déchaussement des ceps. M. Charmet soutient que l'eau pyriteuse des mines de Saint-Bel tue le Phylloxera.

Dans sa séance du 17 mai 1875, l'Académie des sciences a reçu une nouvelle communication relative au Phylloxera : M. Godet a employé avec succès, dans le département du Gard, un mélange toxique qui est en même temps un puissant engrais.

En voici la formule donnée par M. Dumas :

Sulfure de potassium, 6/10mes en poids ; salpêtre,

3/10ᵐᵉˢ; poudre d'os, 1/10ᵐᵉ. Il faut 30 à 50 grammes de ce mélange pour dix litres d'eau. On met le tout dans un arrosoir, on le répand sur le sol, et tous les insectes nuisibles périssent instantanément.

M. Henri Bouschet propose de substituer les cépages américains à nos cépages français ; et, pour éviter l'arrachage des vignes, il conseille d'employer la greffe-provin que j'ai décrite à la page 89.

Pour les plantations nouvelles, il a imaginé de greffer, avant la plantation, nos cépages sur des boutures américaines. Il plante ensuite ces boutures greffées, en ayant soin de ne les enterrer que jusqu'à l'ente, afin que celle-ci, se trouvant au niveau du sol, ne puisse pas émettre des racines qui seraient bientôt envahies par le Phylloxera, tandis que les cépages américains ne le redoutent pas.

Il est certain qu'à défaut de moyens de destruction du Phylloxera, on devra avoir recours à celui indiqué par M. Bouschet. Toutefois, je dois faire remarquer qu'il faudra un temps infini pour greffer toutes les boutures nécessaires à une plantation de quelque importance dans les vignobles où, comme dans le Beaujolais, on plante dix-huit à dix-neuf mille boutures par hectare.

VINIFICATION

━━◦∞◦━━

Vendange.

La vendange clôt la série des travaux relatifs à la culture annuelle de la vigne et ouvre celle des diverses opérations qui constituent la vinification.

Avant d'y procéder, on a dû faire réparer les bennes et les tonneaux, les abreuver ainsi que les cuves et le pressoir, afin qu'ils ne fuyent pas, et les laver très-soigneusement.

On doit vendanger aussitôt que la maturité du raisin est complète. On le reconnaît aux signes suivants : Le pédoncule de la grappe commence à jaunir ; la grappe devient pendante ; le grain n'est plus aussi dûr ; sa pellicule est mince et translucide ; la grappe et les grains peuvent se détacher facilement ; le jus d uraisin est devenu doux et gluant.

Il y a toujours avantage à vendanger tardivement ; cependant il y a des exceptions à cette règle. Ainsi, dans le Nord, il arrive souvent que les raisins ne peuvent atteindre une maturité parfaite ; on est donc obligé de vendanger, sous peine de s'exposer à voir pourrir la récolte. Dans le centre, on est parfois dans la nécessité de cueillir les raisins avant leur maturité, lorsque, par suite de pluies persistantes, ils commencent à pourrir. De même, dans les cas, assez rares du reste, où il survient une gelée d'automne avant la maturité; alors, je l'ai dit, la maturation s'arrête et les raisins se décomposent rapidement; il est donc urgent de vendanger immédiatement.

Mais s'il est bon de ne pas vendanger avant que la maturité des raisins soit complète, il serait peut-être nuisible d'attendre davantage, car alors le vin serait plus mou, plus sirupeux et se conserverait moins bien.

Les vendanges tardives doivent être réservées pour la cueillette des raisins blancs qui vont immédiatement sur le pressoir et pour les vins de liqueur.

En résumé, pour les vins rouges, la vendange doit être faite lorsque les raisins ne profitent plus sur le cep.

Dans les vignobles d'un certain renom, il convient d'attendre la succession de quelques beaux jours pour vendanger, et l'on ne doit commencer la cueillette des raisins que lorsque le soleil a dissipé la rosée, afin que le jus du raisin soit plus concentré, c'est-à-dire que la proportion du sucre ait augmenté.

Par un beau temps, l'évaporation de l'eau du raisin est considérable et le renouvellement de cette eau est plus lent et difficile; la vendange faite dans de telles conditions produit un moût plus sucré, et, conséquemment, le vin est plus alcoolique.

Dans les bons vignobles, la vendange doit se faire en deux fois : la première pour ramasser seulement les raisins parfaitement mûrs, et la seconde, quelques jours après, pour cueillir tous les autres.

Le nombre des coupeurs doit être tel que la vendange de la journée remplisse une cuve. Cela est surtout important lorsque le temps est humide ou froid ; car, en mettant deux jours à remplir une cuve, la vendange du lendemain refroidit celle de la veille qui a déjà éprouvé un commencement d'échauffement et la fermentation tarde trop ensuite à s'établir.

Inconvénients du ban de vendanges.

Jadis la publication du ban de vendange était faite au prône par les curés de paroisses, sur l'avis des notables et des experts des vignobles, et il était interdit de vendanger avant le jour fixé.

Aujourd'hui le ban des vendanges est aboli dans quelques localités ; mais il existe encore dans un grand nombre de communes, et c'est l'administration municipale qui en fixe l'ouverture.

La suppression complète de cette coutume surannée et qui n'a plus aucune raison d'être, serait un bienfait pour les viticulteurs.

Autrefois, et sauf de rares exceptions, on ne cultivait, dans chaque commune, qu'un ou deux cépages,

dont la maturité avait lieu à peu près à la même époque. Mais depuis longtemps déjà les cépages cultivés
dans nos divers départements viticoles commencent à
être connus, grâce aux travaux de nos savants ampélographes.

Les cépages mi-fins et fins sont adoptés par les viticulteurs qui, épris de leur art, désirent produire du
vin de meilleure qualité ; mais malheureusement c'est
l'exception. Ce sont surtout les plants qui se distinguent par une grande production que l'on adopte de
préférence, ainsi que ceux destinés à augmenter l'intensité de la couleur du vin. Tous ces cépages ne mûrissent pas à la même époque, et il y a souvent un
intervalle de huit à quinze jours entre la maturité des
plus précoces et celle des plus tardifs. Dès-lors on
comprend le grave inconvénient qu'il peut y avoir à
fixer une même époque pour vendanger des cépages
différents, dont quelques-uns sont trop mûrs au moment où commence le ban de vendange, qui oblige
également, sous peine de pillage, à vendanger ceux
qui auraient encore besoin de quelques jours ou de
quelques semaines pour atteindre leur parfaite maturité.

Enfin le ban de vendange est une atteinte portée à
la liberté de chacun, sans profit pour personne.

Il faut espérer que, grâce aux nombreuses réclama-
tions des viticulteurs, on verra bientôt disparaître
cette fâcheuse coutume.

9

De l'égrappage.

L'égrappage est l'opération au moyen de laquelle on sépare la rafle des grains du raisin.

Les auteurs ne sont pas d'accord sur les avantages et les inconvénients que peut présenter l'égrappage; cependant ils ne sont pas loin de s'entendre sur certains principes généraux qui doivent guider les viticulteurs dans l'adoption partielle de cette pratique. Aucun ne conseille l'égrappage absolu, et quelques-uns le croient nuisible dans des circonstances données.

Si l'on cultive des cépages produisant des vins durs, âpres, très-alcooliques et se conservant bien, on peut égrapper en grande partie, car la rafle contient une matière extractive abondante en principe astringent, et, en outre, beaucoup de tannin, ce qui augmenterait l'âpreté naturelle de ces vins.

Au contraire, il ne faut pas égrapper si les cépages que l'on cultive donnent des vins légers et susceptibles de s'altérer; il en devra être de même si les raisins sont très-murs et renferment une grande quantité de matière sucrée; la présence de la rafle sera alors nécessaire pour activer la fermentation et fournir au moût la matière azotée qui lui manquerait.

Le principal défaut de la rafle est de communiquer au vin une saveur âpre et austère; mais cette saveur ne tarde pas longtemps à disparaître en grande partie, sinon entièrement, et le vin possède ensuite plus de vinosité, plus de franchise et la force nécessaire pour assurer sa conservation.

M. Fauré a reconnu que le vin cuvé avec la rafle contenait plus d'alcool que celui produit par des raisins égrappés. Cela s'explique par la faculté qu'a la rafle d'activer la fermentation par son action mécanique et par les acides qu'elle renferme, et la fermentation étant plus complète, une plus grande quantité du sucre du raisin est convertie en alcool.

Ainsi donc, pour savoir si l'on doit égrapper ou non, il faut se guider sur la nature du moût et sur le genre de vin que l'on veut faire.

Dans tous les cas, si la fermentation doit s'opérer en cuve ouverte, l'égrappage serait presque toujours nuisible, en ce que la durée de la fermentation en serait trop augmentée.

Si l'on met la vendange en cuve fermée, on peut sans inconvénient égrapper en partie, en tenant compte toutefois des autres indications pour la proportion de l'égrappage.

L'égrappage se fait de différentes manières. La plus usitée est celle qui consiste à placer sur la cuve un cadre horizontal garni d'un grillage en bois ou en fil de fer. On dépose sur ce grillage les raisins que des hommes frottent avec des râteaux en bois *ad hoc* jusqu'à ce qu'il ne reste plus de grains sur le grillage. On jette les rafles sur le pressoir pour en extraire le jus qui peut y être resté ; puis on enferme ces rafles dans des fûts en les tassant fortement ; on les couvre ensuite hermétiquement afin de les conserver pour les distiller plus tard avec les marcs et en extraire de l'eau-de-vie.

Du foulage préalable.

Le foulage préalable des raisins est un moyen d'abréger la durée de la fermentation, dont le début a lieu beaucoup plus tôt que si les raisins ont été mis intacts dans la cuve.

Ce foulage est nécessaire si on met la vendange dans des cuves fermées ou dans celles où l'on immerge le marc au moyen d'un couvercle mobile percé de trous. La fermentation y étant plus lente qu'en cuves ouvertes, il est bon de l'abréger autant que possible.

Mais pour les cuves ouvertes, le foulage préalable n'est nullement nécessaire ; il est au moins inutile.

La vendange une fois faite, il semble bon de fouler les raisins avant de les déposer dans la cuve, afin de faire promptement établir la fermentation du moût ; mais, dans certains cas, il y a avantage à déposer les raisins tels quels dans la cuve et d'attendre quelques jours pour les fouler.

Ainsi, par exemple, lorsque la maturité des raisins n'est pas complète, il convient de les mettre aussi intacts que possible dans la cuve ; ils y éprouvent une espèce de fermentation intérieure qu'on appelle avec raison fermentation saccharine. C'est ainsi qu'on agit dans les pays où l'on fait du cidre. On entasse les pommes et on les laisse longtemps avant de les soumettre au broyage. Ces fruits prennent presque toujours des qualités nouvelles par suite d'une conservation prolongée qui occasionne une légère fermentation. Au bout de quelque temps, si on les goûte, on les trouve moins acides; il en est de même des raisins.

Au commencement de ce siècle, M. de Sampayo, chimiste et œnologue portugais, a indiqué les avantages de ce procédé. Il conseille d'attendre deux, trois et même quatre jours avant de fouler les raisins, suivant le degré de maturité, et il affirme que la saccharification se perfectionne pendant ce temps et avant le début de la fermentation. La pellicule du raisin se ramollit, le foulage est plus facile, plus complet; la fermentation est plus prompte; le vin est plus coloré, plus généreux et d'une plus longue durée; car, par suite de l'augmentation de la matière sucrée, l'alcool s'y trouve en plus grande quantité.

Afin de se rapprocher davantage du procédé Sampayo, il conviendrait de ne pas meurtrir les raisins lors de la vendange, de ne pas les broyer dans les bennes et de les déposer doucement dans la cuve, afin d'éviter la rupture des pellicules.

Le foulage préalable se fait de plusieurs manières. Quelle que soit celle que l'on adopte, il faut avoir soin de ne pas écraser les pepins qui contiennent une huile essentielle dont le mélange avec le moût serait nuisible à la qualité du vin.

Le foulage dans les bennes sous des pieds d'hommes est sans contredit le meilleur, car le poids de l'homme opère parfaitement la rupture des grains, rupture nécessaire à une prompte fermentation, et l'élasticité de la chair évite l'écrasement des pepins qui produirait d'autres fermentations et ne donnerait pas de bon vin. La chaleur des pieds et des jambes du broyeur élève la température de la vendange et contribue à en activer la fermentation.

Aujourd'hui on foule généralement avec des cylindres cannelés, presque joints, marchant en sens inverse et surmontés d'une trémie dans laquelle on verse la vendange qu'attirent les deux cylindres par leur mouvement de rotation en dedans.

Ces machines ont l'inconvénient d'écraser les raisins et de faire sortir des pepins et des rafles une partie de leur jus qu'il est toujours mauvais de faire entrer dans le moût. Les cylindres devraient être entourés d'une épaisse couche de caoutchouc aussi tendre que possible.

Il est essentiel que le foulage soit complet, c'est-à-dire que tous les grains soient ouverts. On comprend en effet, que le jus des grains dont la pellicule serait intacte, n'ayant pas fermenté, donnerait du moût au lieu de vin.

Pesage des moûts.

Les vignerons ont le plus grand intérêt à connaitre

aussi exactement que possible la proportion de sucre que contient tel ou tel cépage ; 1° pour en apprécier la valeur relative ; 2° pour déterminer l'époque précise de la maturité complète du raisin ; 3° pour diriger le travail de la fermentation.

« Dès que le raisin d'un cépage, à égalité de sol, de climat et d'année, marque au gleucomètre un degré constamment plus élevé que le raisin des autres cépages, il doit leur être préféré et être classé au premier rang.

« Tant que le raisin d'un cépage connu peut gagner en degrés gleucométriques, il ne doit pas être vendangé, si le premier novembre n'est pas passé (1). »

On conçoit néanmoins que ces principes, essentiels pour arriver à la production du vin le plus riche possible en alcool, ne peuvent rien avoir d'absolu. En effet, certains cépages très-riches en sucre donnent un vin qui ne plaît pas. D'autres sont infertiles ou ne s'accommodent pas de certaines conditions de sol et de climat ; mais, quoi qu'il en soit, si l'alcool n'est pas l'indice certain des vins distingués, aucun vin ne peut posséder de grandes qualités, s'il n'en contient pas une assez forte proportion.

L'instrument le plus employé pour connaître la proportion de sucre contenu dans le moût, est le gleucomètre, qui indique d'une manière absolue la densité du moût, mais d'une manière approximative seulement la richesse en sucre.

Voici comment on opère : On exprime le jus de quelques grappes de raisin dont on veut connaître la

(1) *Culture de la vigne et vinification*. Jules Guyot).

richesse ; on filtre ce jus à travers un linge fin, puis on le met dans l'éprouvette et l'on en ramène la température à douze degrés en plongeant pendant quelques minutes l'éprouvette dans de l'eau de puits récemment tirée. Après en avoir retiré l'éprouvette, on y plonge le gleucomètre, qui s'y enfonce d'autant moins que le moût est plus dense. Le degré que marque alors cet instrument, à la surface du moût, indique les degrés du sucrage. Toutefois il faut retrancher de ce chiffre une unité sur douze, car cette unité représente les matières étrangères au sucre.

M. Maumené préfère le densimètre, conseillé par Gay-Lussac et qui donne immédiatement la densité du liquide dans lequel on le plonge. On peut d'ailleurs, dit-il, éviter l'emploi des flotteurs en verre toujours si fragiles et les remplacer de la manière suivante : On choisit une bouteille en verre blanc d'un litre, c'est-à-dire contenant juste mille grammes d'eau lorsqu'elle sera pleine et rase ; on la marque de manière à la bien reconnaître, en inscrivant sur sa surface, avec une pointe d'acier, le poids qu'elle présente étant bien sèche. On n'a plus qu'à la remplir de moût, à en bien essuyer l'extérieur et à la peser, pour connaitre la densité que l'on cherche. Mais il faut que le moût soit ramené à quinze degrés. Si le moût dont la bouteille est pleine pèse 1,083 grammes, il offre évidemment ce poids au litre et sa densité est de 1,083. Il marquerait 8°, 3 au densimètre.

Si l'on veut connaître la richesse en sucre, voici comment on opère : Comme un litre de moût renferme 25 grammes de substances étrangères au sucre, l'influence de ces 25 grammes sur la densité du moût est la même que celle de 25 grammes de sucre. On prend la densité du moût au moyen du densimètre, et on la diminue de la quantité 0,011 ou 0,012 que pourrait produire un poids de sucre égal à 25 grammes.

Cette densité ainsi réduite représente assez approximativement la densité relative au sucre proprement dite. Un moût donne-t-il, par exemple, 10°, 8 au densimètre, a-t-il par conséquent la densité de 1,108, on diminue cette densité de 0,011, et le reste 1,097, exprime, à très-peu près, le poids spécifique donné par le sucre du raisin.

Le gleucomètre perfectionné par le docteur Jules Guyot est, selon moi, le meilleur instrument. Il porte sur sa tige trois échelles de couleurs différentes : une échelle jaune donnant la quantité de sucre de raisin, centièmes en poids ; une échelle blanche indiquant la quantité d'alcool qui sera contenue dans le vin après la fermentation ; une échelle verte avec les degrés de Baumé.

FERMENTATION VINEUSE

Les phénomènes de la fermentation vineuse sont encore enveloppés de mystère, malgré les actives recherches des savants les plus illustres.

Les chimistes ne sont pas d'accord sur la nature du ferment ; les uns affirment que c'est un être organisé, vivant, un animalcule ; les autres soutiennent que c'est une végétation.

La manière dont s'exerce l'action du ferment sur le moût de raisins est expliquée de différentes manières; mais les nombreuses théories présentées par les chimistes les plus renommés ne reposent que sur des hypothèses, et se détruisent mutuellement.

La science n'a donc pu soulever encore le voile qui recouvre les phénomènes de la fermentation vineuse qui reste ainsi le secret de l'avenir.

La notion exacte de ces phénomènes ferait faire un grand pas à l'œnologie ; mais en attendant qu'ils soient découverts, il importe de connaître les diverses phases de la fermentation vineuse, afin de la diriger convenablement.

Lorsque du moût de raisins, qui contient tous les éléments nécessaires à la fermentation vineuse, c'est-à-dire de l'eau, une matière sucrée et du ferment, est exposé à une température convenable, il se produit les phénomènes généraux suivants :

1° *La température du liquide s'élève.* — En effet, aussitôt que l'action des phénomènes de la fermentation vineuse commence, on peut constater un notable dégagement de chaleur ; la température du moût s'élève progressivement jusqu'à atteindre 35 degrés, lors même que la température extérieure n'est que de 15 à 20 degrés. Cette élévation de température dans le moût est due à la formation de l'acide carbonique qui, on le sait, est composé en poids, de 0,73 d'oxigène, et de 0,27 de charbon en vapeur ; ces deux substances ne peuvent s'unir sans dégager une grande quantité de calorique.

2° *Le liquide devient trouble.* — D'après M. Thénard, le ferment se sépare en deux parties : l'une qui disparaît et concourt à la formation de nouveaux produits ; l'autre qui, ne possédant pas la faculté d'exciter la fermentation, se précipite à raison de son indissolubilité. C'est cette partie qui, tenue en suspension par la ténacité de ses molécules et par le mouvement ascendant imprimé à la masse par l'acide carbonique, trouble le liquide lorsque la fermentation a acquis une certaine activité.

3° *Le volume du liquide augmente.* — Cette augmentation du volume du moût provient de deux causes: la dilatation du liquide par suite de l'élévation de la température, et l'interposition des innombrables bulles d'acide carbonique qui s'élèvent sans cesse et dont une partie reste adhérente à des corps flottants, tandis que d'autres, ne pouvant vaincre la résistance occasionnée par la viscosité du liquide, restent stationnaires jusqu'à ce qu'elles soient soulevées par celles qui montent après elles.

4° *Le liquide est traversé de bas en haut par une immense quantité de globules qui montent à la surface et y éclatent.* Ces globules sont formés par l'acide carbonique dont le dégagement a lieu dès que l'action du ferment sur la matière sucrée s'est fait sentir. Cette formation des bulles partant du fond de la cuve et se succédant avec rapidité, est exactement la même qui se produit au fond d'un vase rempli d'eau qui commence à bouillir.

5° *Le liquide se couvre d'écume et les corps qu'il tient en suspension s'élèvent et se fixent à la surface.* — La couche d'écume qui se forme à la surface est composée des bulles d'acide carbonique qui s'élèvent sans cesse en entraînant avec elles les corps qu'elles rencontrent. Les plus petites de ces bulles, ne pouvant vaincre les résistances qu'elles éprouvent dans leur ascension, soulèvent la dernière couche du liquide en demi-sphères ; les plus grosses montent à la surface, où elles éclatent. D'autres bulles montent successivement, se placent sous les premières qu'elles soulèvent ; puis elles sont soulevées à leur tour, et forment ainsi une couche d'autant plus épaisse que la fermentation est plus active et le moût plus chargé de matières sucrées. Les pellicules, les pepins et les rafles sont portés à la surface par l'adhérence que ces parties contractent avec les globules d'acide carbonique. L'impulsion du gaz acide carbonique, dont la formation est incessante, entraîne, en s'élevant, les éléments qui composent le chapeau et les soulève en partie au-dessus du liquide.

6° *Une grande quantité d'acide carbonique se dégage.* — L'acide carbonique qui se dégage est un des produits de la décomposition de la matière sucrée contenue dans le moût et de sa transformation par l'action du ferment. Cette action est encore mystérieuse ; mais les chimistes ont constaté que, pendant la fermentation, le sucre se transforme en alcool et en acide carbonique dans la proportion suivante :

48,8 d'acide carbonique ⎱ pour cent parties de sucre.
51,2 d'alcool ⎰

7° *Un bruit de bouillonnement se fait entendre.* — Ce bruit est dû à la formation de l'acide carbonique, dont les éléments passent de l'état solide à l'état gazeux. Cet effet est le même que celui produit dans l'eau qui commence à bouillir lorsque l'air, qui y est contenu à l'état liquide, se sépare et reprend sa forme gazeuse.

8° *Une odeur vineuse se dégage et augmente peu à peu d'intensité.* — L'odeur vineuse qui se dégage des cuves en fermentation provient de l'alcool qui se forme aux dépens du sucre contenu dans le moût du raisin, et cette odeur augmente d'intensité en raison de la température plus élevée du moût et du plus

grand dégagement d'acide carbonique dont les globules, en éclatant à la surface, retombent en gouttelettes
chargées d'une certaine quantité d'alcool. Il en est
ainsi lorsqu'on fait chauffer du vin dans un vase; tant
que le vin n'a pas acquis un certain degré de chaleur,
l'odeur qu'il répand est à peu près nulle; mais à mesure que la chaleur augmente, l'odeur devient plus
forte et plus pénétrante.

9° *La température du chapeau est plus élevée que
celle du liquide, et si son contact avec l'air se prolonge
trop, il s'altère.* — La température du chapeau est
plus élevée que celle du moût par suite des fermentations acide et putride qui ont lieu dans sa partie non
immergée, lorsque son contact avec l'air se prolonge.
Il y a encore une autre cause à cette surélévation de
la température dans le chapeau : c'est la grande quantité de ferment qui y est contenue. En effet, le ferment,
étant poussé de bas en haut par le mouvement inces-
sant de l'acide carbonique, pénètre dans les interstices
du chapeau, et le met ainsi dans les conditions les
plus favorables à la fermentation alcoolique. La partie
immergée du chapeau est donc le siége d'une très-vive
fermentation, qui développe une grande quantité de
calorique, et, le calorique se transmettant de bas en
haut, il en résulte que le chapeau est à une plus haute
température que le liquide.

10°. *Ces divers phénomènes s'accroissent successivement; puis, arrivés à leur apogée, ils décroissent lentement jusqu'à la fin de la fermentation.* — Tant que
la majeure partie de la matière sucrée n'est pas dé-

composée, il se forme une grande quantité d'acide carbonique qui élève la température de la masse et fait développer et croître les phénomènes de la fermentation vineuse, jusqu'au moment où la formation du gaz acide carbonique se ralentit par suite de la décomposition de la plus grande partie du sucre contenu dans le moût. Alors la fermentation n'est plus tumultueuse, et elle décroît lentement jusqu'à la décomposition à peu près complète de la matière sucrée; c'est alors le moment de procéder au décuvage.

La fabrication du vin est un art généralement trop négligé, La plupart des vignerons ignorent les soins que la fermentation vineuse exige et la routine seule leur sert de guide pour la diriger.

Il est vrai que beaucoup de propriétaires intelligents surveillent attentivement la confection de leur vin et font des essais pour arriver à un meilleur résultat. Les savants ont fait aussi d'utiles recherches et ont apporté de grandes améliorations dans l'œnologie. De nouvelles méthodes de cuvaison ont été publiées, qui toutes ont pour but d'activer, d'accélérer et de compléter la fermentation vineuse. Mais ces méthodes ne peuvent pas être adoptées dans toutes les circonstances et dans toutes les contrées vinicoles. Ainsi, il n'est pas possible de faire le vin dans les Pyrénées-Orientales comme on le fait dans le Beaujolais, et les propriétaires du Bordelais ne fabriquent par le leur comme le font les habitants du Jura.

Les méthodes pour la fabrication du vin doivent nécessairement varier suivant le climat, l'espèce des raisins, leur degré de maturité et la nature du vin que l'on veut obtenir.

Cuvage du vin.

Après la cueillette des raisins, on les apporte dans la cuverie, afin de leur faire subir la fermentation vineuse, et, à cet effet, on les dépose dans des cuves en bois ou en maçonnerie.

Je ne parlerai d'abord que des cuves en bois dont on se sert dans presque tous les vignobles. Il n'y a guère que les propriétaires du Midi qui emploient des cuves en maçonnerie.

Selon Lavoisier, les effets de la fermentation vineuse se réduisent à séparer en deux parties le sucre qui est un oxide ; à oxygéner l'une aux dépens de l'autre, pour en former de l'acide carbonique ; à désoxygéner l'autre en faveur de la première, pour en former une substance combustible qui est l'alcool, en sorte que s'il était possible de recombiner ces deux substances, on reformerait du sucre.

La fermentation vineuse est donc la conversion d'une matière sucrée en principes susceptibles de fournir de l'alcool par la distillation.

La fermentation vineuse ne peut atteindre son plus haut degré de perfection que si elle est aussi forte et aussi rapide que possible. En effet, une fermentation très-active peut seule dissoudre et mélanger intimément les éléments constitutifs du vin, et sa promptitude conserve au vin sa force et ses qualités en ne laissant pas au marc le temps de l'appauvrir par l'absorption d'une partie de son alcool. Cela a lieu lorsque la fermentation tumultueuse cesse; alors, si on tarde trop à décuver, la formation de l'alcool étant plus lente que son absorption par le marc, celui-ci s'en sature, comme les cerises et les prunes s'emparent de l'eau-de-vie dans laquelle on les met. Les vignerons doivent donc employer les moyens les plus propres à activer et à accélérer la fermentation vineuse.

La fermentation vineuse exige cinq conditions : 1° du sucre ; 2° de l'eau ; 3° du ferment ; 4° de l'air ; 5° une certaine température.

Le sucre, l'eau et le ferment se trouvant dans le moût, il n'y a pas lieu de s'en préoccuper davantage.

Si l'on emploie des cuves fermées, il est essentiel de fouler d'abord très-énergiquement les raisins, afin de les saturer d'oxigène ; car, de la quantité d'air qu'on y aura introduite, dépendra la promptitude ou la lenteur de la fermentation et son accomplissement plus ou moins parfait, l'air ne pouvant plus y avoir accès pendant la fermentation.

Dans les cuves ouvertes, le foulage préalable n'est pas nécessaire ; mais il faut fouler dans les cuves.

La température est une des conditions nécessaires à une bonne fermentation, et les vignerons doivent s'attacher à la maintenir à un degré convenable.

La fermentation ne peut bien marcher et s'accomplir convenablement que si la température ambiante est de quinze à vingt degrés. Dès-lors il est indispensable d'éviter toute déperdition de chaleur.

Pour atteindre ce but, il convient de clore la cuverie aussi bien que possible. Quelques œnologues conseillent de la fermer par des fenêtres doubles, dans l'intervalle desquelles l'air s'emmagasine et oppose ainsi un grand obstacle à la déperdition de la chaleur intérieure.

Lorsque la température est trop basse, on a l'habitude de réchauffer la cuverie au moyen d'un calorifère ou d'un fourneau portatif. Quel que soit l'appareil employé, il faut absolument éviter que la fumée se répande dans la vinée, ce qui ferait contracter un mauvais goût au vin.

M. Maumené indique un excellent moyen pour maintenir la chaleur dans les cuves. Ce moyen se recommande par son bon marché, sa simplicité et son efficacité. Il consiste à entourer le haut de la cuve d'un paillasson de 10 à 12 centimètres d'épaisseur et dont la paille soit aussi peu serrée que possible. On recouvre ensuite la cuve d'une grande toile ou bâche. De cette manière la chaleur ne se perd pas et le calorique développé par la fermentation est maintenu dans la cuve, même par un temps très-froid ; le travail n'éprouve aucun trouble et le vin est aussi bon que le comporte la nature et la maturité du raisin. On n'a plus besoin de chauffer les cuveries ni même d'ajouter du moût bouillant dans les cuves.

Toutefois, si l'on vendange par un temps froid, humide ou pluvieux, ce moyen pourrait être insuffisant et la fermentation tarderait trop à s'établir. Il faut autant que possible vendanger par un temps chaud, ou ne commencer la cueillette que lorsque le soleil a dissipé la rosée. Dans le cas où l'on voudrait commencer à vendanger dès le matin, il conviendra de mettre de côté tous les raisins qui auront été cueillis avant la dissipation de la rosée et de ne les déposer dans la cuve que dans la soirée et alors qu'il n'y restera que la place nécessaire pour les contenir.

Réchauffement de la vendange au moyen de moût bouillant.

Lorsque ces moyens sont impuissants à provoquer une prompte et bonne fermentation, on peut obtenir ce résultat par l'addition, dans la cuve, d'une certaine quantité de moût bouillant. On voit dans les Géoponiques que les anciens avaient apprécié les avantages de ce moyen.

L'addition de moût bouillant peut être faite sans inconvénient et présenter même certains avantages si le moût n'a pas été chauffé à feu nu, ce qui communique au vin un goût de brûlé. Il faut absolument chauffer au bain-marie ou à la vapeur.

Cette addition augmente la couleur du vin et lui donne du corps.

Lorsqu'une cuvée de 50 hectolitres n'a qu'une température de 12 degrés, on peut en élever la température jusqu'à 20 degrés en y ajoutant cinq hectolitres chauffés au bain-marie à 95 degrés.

On pourrait aussi, avant d'encuver la vendange, la déposer dans une étuve, afin d'en élever la température à un degré suffisant pour provoquer une prompte et bonne fermentation.

Les cuves doivent-elles être ouvertes, à marc immergé, ou fermées ?

Une question qui est encore vivement débattue est celle de savoir si les cuves doivent être ouvertes à l'air libre, simplement couvertes, ou fermées.

M. Rougier de la Bergerie, et avec lui bon nombre d'œnologues distingués sont partisans des cuves ouvertes. Mais beaucoup de viticulteurs semblent disposés à abandonner ce mode de cuvage pour adopter les cuves hermétiquement fermées, parce que, disent-ils, avec la fermeture hermétique il n'y a pas de déperdition d'alcool, et les éthers, qui constituent le bouquet des vins, sont entièrement retenus dans le moût, ce qui donne des vins meilleurs et de plus de durée.

Les essais faits jusqu'à ce jour ne paraissent pas assez concluants pour résoudre cette grave question œnologique.

Ce qu'il y a de certain, c'est que la cuvaison de la majeure partie des grands vins de France a lieu en cuve ouverte. Dans le Médoc, dans la haute Bourgogne, à l'Hermitage et dans le Beaujolais, on se sert fort peu de cuves fermées ou simplement couvertes.

Olivier de Serres, qui était partisan des cuves couvertes, s'exprime ainsi à ce sujet : « Si possible, faudra tenir les cuves bouchées, afin que la vertu du vin ne s'en aille en vapeur ; si à ce les cuves ne sont accommodées à tous les couvercles, bien jointes, on les couvrira avec des ais par-dessus, y ajoutant des linceuls ou autres couvertures ; si au détriment du vin rien ne s'éventera. »

On a prétendu que les cuves ouvertes donnaient lieu à une assez forte déperdition d'alcool: Chaptal a propagé cette erreur et l'a même exagérée. « Je crois, dit-il, avoir été le premier à faire connaître cette vérité, lorsque j'ai enseigné qu'en exposant de l'eau pure dans des vases placés immédiatement au-dessus du chapeau de la vendange, au bout de deux ou trois jours cette eau était imprégnée d'acide carbonique, et qu'il suffisait de l'enfermer dans des bouteilles débouchées et de l'abandonner à elle-même pendant un mois pour obtenir d'assez bon vinaigre. En même temps que le vinaigre se forme, il se précipite dans la liqueur des flocons abondants qui sont d'une nature très analogue à la fibre. »

Ce qui a évidemment donné lieu à cette juste observation de Chaptal, c'est que les bulles fournies par l'acide carbonique produisent en éclatant de très-petites gouttelettes contenant de l'alcool, du sucre, etc. Ces gouttelettes en tombant dans les vases placés au-dessus du chapeau, introduisaient de l'alcool dans l'eau qui subissait naturellement la fermentation acide et produisait du vinaigre. Mais, depuis Chaptal, on a reconnu que la perte d'alcool était insignifiante.

M. Loméni a remarqué que les vins faits en cuve close ont moins de couleur que ceux provenant des mêmes raisins ayant fermenté en cuves ouvertes, et cette observation a été confirmée par plusieurs œnologues.

Des expériences comparatives ont été faites en 1821 par M. Delavau. Cet œnologue distingué fit faire trois cuves égales. Il mit dans chacune 677 kilogrammes de moût à 12 degrés du gleucomètre de Cadet-de-Vaux, et il y ajouta 255 kilogrammes de marc foulé. La première cuve fut couverte par l'appareil Gervais; la seconde fut couverte par un fond percé d'un trou de bonde, et la troisième resta découverte. Les couvercles des deux premières furent scellés avec de l'argile. L'appareil Gervais condensa environ un verre de liquide aqueux marquant 11 degrés ½ à l'aréomètre de Baumé. Le vin de cette cuve fut trouvé un peu moins fait que les autres; celui de la cuve couverte fut reconnu le meilleur, et celui de la cuve découverte fut le plus coloré et le plus limpide. La première de ces cuves perdit en poids 50 kilogrammes, la seconde 42 et la troisième 46 ½.

Un grand nombre d'œnologues, parmi lesquels figurent le comte Odart et le docteur Jules Guyot, ne sont pas partisans de la fermeture hermétique. Le comte Odart recommande d'une manière particulière de ne mettre dans les cuves qu'un fond percé de trous pour tenir constamment le marc immergé dans le moût, et de couvrir les cuves avec des linges, des couvertures, ou un couvercle en planches jointées de manière à soustraire le moût à l'influence de l'air extérieur.

Les cuves ne doivent pas être remplies entièrement.

Que les cuves soient ouvertes ou fermées, il ne faut jamais les remplir entièrement. Cette précaution est essentielle pour empêcher l'extravasation du moût.

Dans les cuves ouvertes, cela est encore indispensable pour que le chapeau ne soit pas en contact avec l'air atmosphérique et pour donner à l'acide carbonique, dégagé par la fermentation, la possibilité de former, au-dessus du moût, une couche qui empêche l'air de pénétrer jusqu'à lui. Alors même que la fermentation n'est pas très-active, l'acide carbonique est encore en assez grande abondance pour préserver le moût presque aussi bien qu'un couvercle pourrait le faire.

Le moût qui renferme le plus de sucre est celui qui dégage le plus de gaz acide carbonique et dont le volume s'accroît le plus. Il exige donc un plus grand vide dans le haut de la cuve qu'un moût pauvre en matière sucrée. Aussi, de ce qu'une cuve a suffi une année à faire fermenter une quantité donnée de vendange, il ne faut pas conclure que, l'année suivante, on pourra la remplir de même sans s'exposer à l'extravasation du moût. Lorsque les raisins sont très-mûrs, il est nécessaire de moins remplir les cuves que si leur maturité est incomplète.

Lorsque la cuve est pleine jusqu'au bord, la formation de la couche d'acide carbonique n'est plus possible, et le chapeau, c'est-à-dire la croûte formée par les rafles, les pellicules et les pepins, étant constamment soulevé par les bulles d'acide carbonique, comme le gaz hydrogène enlève un ballon, l'air y pénètre et contribue à l'oxidation très-rapide du moût dont il est imprégné et, par suite, à son acidification.

Le gleucomètre peut servir de guide pour remplir plus ou moins les cuves.

Dans les cuves ouvertes le foulage préalable n'est pas nécessaire.

J'ai déjà dit que, lorsqu'on met la vendange en cuve ouverte, il n'est pas nécessaire de lui faire subir un foulage préalable; on a même vu, à l'article du foulage, qu'il y a avantage à ne pas fouler, et que le mieux est de déposer dans la cuve les raisins aussi intacts que possible.

Lorsque la cuve est pleine aux cinq sixièmes, on égalise bien les raisins, et, au besoin, on les tasse légèrement au moyen d'une pelle. La saccharification a ainsi tout le temps nécessaire pour se perfectionner avant le début de la fermentation. Il se produit alors un échauffement de la masse, que j'appellerai une fermentation sèche, qui attendrit les pellicules et rend la fermentation vineuse plus active et plus prompte.

L'entourage du bord supérieur de la cuve par le paillasson Maumené et sa couverture par une toile, contribueraient encore à accélérer la fermentation, et le résultat serait une augmentation d'alcool et conséquemment aussi de couleur.

On sait, en effet, que c'est l'alcool qui dissout la matière colorante, insoluble dans l'eau et très-soluble dans l'alcool. La coloration du vin augmente donc dans la cuve à mesure que le sucre se transforme en alcool, celui-ci ne pouvant rester en contact avec la matière colorante sans la dissoudre.

Voici le rôle que joue l'alcool dans la fabrication du vin.

Au fur et à mesure qu'il se forme dans le moût aux dépens de la matière sucrée, l'alcool participe aux réactions produites par la fermentation. Et, comme l'élévation de la température accroît l'affinité qu'ont entre eux les éléments du moût, l'alcool s'y mêle intimément, opère l'extraction de la matière colorante enfermée dans les grains du raisin et donne au vin le montant, la finesse et l'arôme inhérents au cépage et d'autant plus développés qu'il s'y trouve en plus grande quantité.

Mais la couleur du vin passerait vite et n'aurait ni

brillant ni vivacité, si la nature prévoyante n'avait déposé dans les raisins les sels et les acides nécessaires à la fixer et à lui donner cette richesse de coloris qui distingue les vins pourvus d'une quantité suffisante d'alcool. Il est donc indispensable qu'il existe, entre les acides, la matière colorante et l'alcool, des conditions de parfait équilibre pour produire le vin le meilleur et le plus coloré que peut donner tel ou tel cépage.

On laisse ensuite la cuve, sans y toucher, jusqu'au moment où la fermentation tumultueuse est terminée, ce que l'on reconnaît à la cessation du fort bruit de bouillonnement produit par cette fermentation et à l'affaissement du chapeau. Alors il faut fouler énergiquement la cuve deux ou trois fois par jour jusqu'au décuvage, qui, ordinairement, doit avoir lieu 24 ou 48 heures après le premier foulage.

Ces foulages sont nécessaires à plusieurs points de vue : tous les vignerons qui ont foulé des cuves savent que le chapeau a une température de dix degrés environ plus élevée que celle du moût ; il est donc indispensable de rafraîchir le marc et de réchauffer le moût en opérant le mélange aussi complet que possible des masses liquide et solide. Ce réchauffement du moût active la fermentation des liquides et leur fait dissoudre les produits de la fermentation par le lavage du marc ; l'oxygène, que l'on introduit dans la masse, contribue aussi à activer la fermentation et à achever la transformation du sucre en alcool. Le foulage, en rafraîchissant le chapeau, empêche son acidification. Enfin ces foulages donnés après la fermentation tumultueuse produisent nécessairement un accroissement de coloration en remettant les pellicules en contact avec tout l'alcool formé.

Les vignerons qui foulent leurs raisins avant de les mettre en cuve ouverte obtiennent une plus prompte fermentation et par conséquent une cuvaison moins prolongée ; mais c'est toujours au détriment de la couleur et du tannin.

M. de Vergnette-Lamotte se sert, pour fixer le moment où l'on doit fouler le chapeau, d'une sphère de cuivre étamée ou de ferblanc lestée de manière à représenter une densité de 1,030 grammes qu'il a reconnu être celle d'un grand nombre de moûts au maximum de température. Lorsque cette sphère plonge dans le moût il faut procéder au foulage du chapeau.

Cuve cannelée en dedans.

Je viens soumettre aux œnologues un sujet d'étude que je les prie d'examiner : j'ai chez moi une cuve de 26 hectolitres, dont je ne connais pas l'origine et qui date peut-être de deux siècles. Ses douves sont toutes cannelées verticalement à l'intérieur, depuis le fond jusqu'à 20 centimètres du bord, et les cannelures ont à peu près un centimètre et demi de profondeur. J'ai remarqué que cette cuve donne toujours du vin plus coloré que les autres contenant des raisins de la même vigne et vendangés le même jour. Je ne sais si ces cannelures facilitent davantage l'ascension du moût qui, en redescendant, opère le lavage du marc, ou si elles laissent un plus libre accès à l'oxygène qui, arrivant en plus grande abondance, donne plus d'activité à la fermentation ; toujours est-il que le vin y prend une bien plus belle robe que dans les cuves unies à l'intérieur.

Cette différence ne peut être attribuée qu'aux cannelures. Cependant, comme cette cuve n'a pas les mêmes dimensions que les autres et comme son diamètre supérieur est proportionnellement moins grand, il serait possible que l'on pût y voir la cause de cette augmentation de couleur. Quoi qu'il en soit, je me propose, lors des premières vendanges, de faire l'expérience comparative suivante qui me fixera positivement à ce sujet.

En 1869, j'ai fait construire deux cuves ayant exactement les mêmes dimensions. Je ferai garnir tout l'intérieur d'une de ces cuves de liteaux triangulaires cloués verticalement ; je mettrai dans chacune une quantité égale de raisins de la même vigne et vendangés le même jour. Si la cuve garnie de liteaux donne du vin plus coloré que l'autre, c'est qu'alors la différence de couleur produite par la cuve cannelée en dedans provient bien des cannelures.

Cette expérience m'engage à en tenter une autre ; c'est de placer dans une cuve un certain nombre de tubes ronds, carrés ou triangulaires, d'une hauteur suffisante pour dépasser constamment le chapeau de

15 à 20 centimètres, et percés, sur toute leur longueur, de trous suffisamment grands pour permettre au moût de s'y introduire facilement, mais pas assez pour que les grains de raisins puissent y entrer. Je crois que, pendant la fermentation tumultueuse, il se produira continuellement dans ces tubes un vif mouvement ascensionnel du moût qui, en retombant sur le marc, en opèrera le lavage dans son mouvement descensionnel, et détachera ainsi plus facilement la matière colorante contenue dans les pellicules du raisin. L'activité de la fermentation en sera augmentée et sa durée sera moins longue ; conséquemment aussi, le vin aura plus de qualité.

Aux vendanges dernières, j'ai fait placer dans une des deux cuves, dont je parle plus haut, des échalas carrés de 0m, 025 de diamètre, en laissant entre eux une distance pareille. Dans chacune de ces cuves on a simultanément déposé la même vendange. La cuve munie de liteaux a donné un vin sensiblement plus alcoolique et plus coloré que celui provenant de la cuve dépourvue de liteaux.

Appareil Gervais.

En 1822, Mademoiselle Gervais se déclara l'inventrice d'un appareil qui rendait, disait-elle, la vinification parfaite. Cette invention consistait en un couvercle en bois luté sur la cuve avec de l'argile ou du plâtre. Au centre on plaçait, dans un trou de quinze à dix-huit centimètres, un chapiteau d'alambic, surmonté d'un tuyau dont l'extrémité allait plonger dans un vase contenant de l'eau. Le chapiteau était entouré d'un vase en cuivre ou en ferblanc contenant de l'eau froide à l'effet de condenser les vapeurs entraînées hors de la cuve par l'acide carbonique. Ces vapeurs, au lieu de se perdre, retombaient dans le moût et lui rendaient, disait-elle, le parfum et la force dont il était privé en cuve ouverte.

Mais Gay-Lussac a prouvé que la quantité recueillie avec cet appareil n'était que de $\frac{1}{400}$ de vin en eau-de-vie, ce qui est insignifiant. Il a parfaitement démontré que s'il y avait avantage à recueillir le très-faible produit qu'entraîne l'acide carbonique des cuves en fermentation, l'appareil de Mlle Gervais ne serait pas le plus propre à atteindre ce but.

Cuve Maumené.

M. Maumené est l'inventeur d'une cuve qui, selon lui, offrirait les dispositions les plus avantageuses. « Le couvercle est assemblé dans les douves ; il est percé d'une ouverture circulaire fermée par une soupape de bois dont la charge est produite par une pierre suspendue à l'extrémité d'un levier ; le gaz se dégage par un tube qui reste libre pendant la fermentation. Un tube en ferblanc ou en cuivre étamé, percé de trous, est maintenu verticalement dans la cuve ; il est constamment plein de liquide sans pellicules ni pepins ; on peut y plonger un thermomètre pour examiner la température. Le robinet pour le décuvage porte, en dedans de la cuve, une espèce d'étui en ferblanc ou en cuivre étamé, percé de trous, pour retenir les pellicules et les pepins. »

On reproche, dit-il, aux cuves fermées de ne pas permettre le foulage du chapeau : ce foulage n'est pas nécessaire dans les cuves fermées ; du reste, cela est facile : en enlevant la soupape, on peut fouler assez commodément par l'ouverture.

Cuve distillatoire.

M. Mimard, de Villeneuve-sur-Yonne, est l'inventeur d'une cuve distillatoire, invention qu'il appelle système rationnel du cuvage des vins.

Ce système a été approuvé par les commissions de viticulture de l'Yonne, de la Côte-d'Or, de Saône-et-Loire et de Clermont-Ferrand. Voici en quoi il consiste : La cuve étant remplie de vendange foulée jusqu'à 17 centimètres du bord, ou place dans la cuve un premier fond diaphragme percé de trous assez grands pour laisser passer le jus, mais pas assez pour permettre le passage de la vendange. Ce diaphragme repose sur des tasseaux ; on le fixe au moyen d'un nombre de barres suffisant pour qu'il ne soit pas tourmenté par la pression du chapeau. On place ensuite le fond plein, qu'on lute avec soin et qui se fixe au moyen de deux barres et d'un madrier qui recouvre le tout. La cuve est surmontée d'un condensateur, dont la prise de vapeur traverse le fond plein supérieur ; ce condensateur est surmonté d'un tube d'air et muni de deux tubes de remplissage.

Le condensateur fixé et bien luté avec de la pâte, on le remplit d'eau.

Quand le tube d'échappement ne donne plus ou presque plus de gaz acide carbonique, — ce qu'on reconnaît lorsqu'une allumette enflammée ne s'éteint plus sous ce tube, — on le ferme avec un bouchon de liége, ainsi que le tube d'air, et, au bout de 36 heures de repos, on tire le vin et on démonte l'appareil et les deux fonds pour enlever le marc.

On a constaté, à ce qu'il paraît, que, par ce procédé, il ne se produit pas de déperdition d'alcool par l'effet de la vaporisation et de l'évaporation, résultat facile à contrôler, si, à titre de comparaison, on a pris le degré de matière sucrée aussitôt le moût versé dans la cuve et avant le début de la fermentation ; une fois le vin fait, la proportion de la liqueur est égale à celle du moût.

Cuves à étages

Afin d'éviter le foulage dans les cuves, M. Maumené

a eu l'idée de diviser le marc en tendant, à mesure de leur charge, et sur chaque sixième, ou chaque cinquième, ou chaque quart de la vendange, un filet de cordes maintenu par des crochets de bois renversés et fixés d'avance à l'intérieur de la cuve ; jamais ainsi le chapeau ne peut se former en une seule masse ; il il s'en fait un sous chaque filet ; chacun d'eux est d'une faible épaisseur et ne s'oppose pas sensiblement aux mouvements du vin. On n'a plus besoin de faire fouler par des hommes dont on expose ainsi la vie.

C'est en 1858 que M. Maumené a indiqué ce moyen pour éviter les foulages ; mais il n'en avait pas fait l'essai.

Plus tard, M. Michel Perret, président de la société d'agriculture de Saint-Marcellin (Isère), a eu la même idée et l'a mise à exécution. Il a fait à l'Académie des Sciences un rapport sur les bons résultats donnés par la cuve à étages, rapport qui lui a attiré de la part de M. Maumené une revendication de priorité pour ce système de cuvage.

M. Maumené a eu certainement le premier l'idée de ce système de cuvage ; mais M. Perret a eu au moins le mérite de l'expérimenter et d'en constater, le premier, les bons résultats dans son rapport à l'Académie des Sciences.

J'ai fait l'essai de ce système et divisé une cuve en trois compartiments ; les deux séparations inférieures étaient formées de cadres en bois sur lesquels j'avais fait clouer de la toile métallique; le fond supérieur, destiné à tenir le marc constamment immergé dans le moût, était composé de planches percées de trous.

Mon expérience n'ayant pas été comparative, je ne puis dire si ce système donnerait du vin plus coloré et meilleur; mais j'affirme que jamais je n'ai obtenu une fermentation aussi tumultueuse. Le moût avait un constant et violent mouvement ascendant et descendant qui opérait le lavage énergique du marc; et malgré que j'avais laissé, au sommet de la cuve, un espace vide de trente centimètres au moins, la fermentation a été tellement forte, que, pour empêcher une perte considérable du liquide qui débordait, j'ai été obligé de tirer successivement quatre hectolitres du moût de cette cuve.

Je ne crois pas qu'aucun autre système puisse procurer une aussi active et excellente fermentation que celui de la cuve à compartiments.

M. Perret, au lieu de diviser le marc au moyen de filets de cordes, emploie des claies formées avec des liteaux espacés entre eux de cinq à six centimètres et qui sont maintenus par deux bâtons placés au-dessus et en travers.

Les trois figures, nos 36, 37, 38 feront parfaitement comprendre la manière de placer les liteaux et de les fixer dans les cuves.

Cuve vide, mais munie de ses claies.

M. Perret a été conduit à diviser le marc dans ses cuves par des observations que nul autre œnologue, je crois, n'avait faites avant lui. Dans une brochure qu'il a publiée en 1868, il disait : « En pressant les grains de raisin blanc ou rouge, on obtient un liquide sans couleur déterminée ; la fermentation de ce liquide séparé de la peau du raisin est lente et produit du vin à peu près incolore : c'est le vin blanc.

Fig. n° 37.

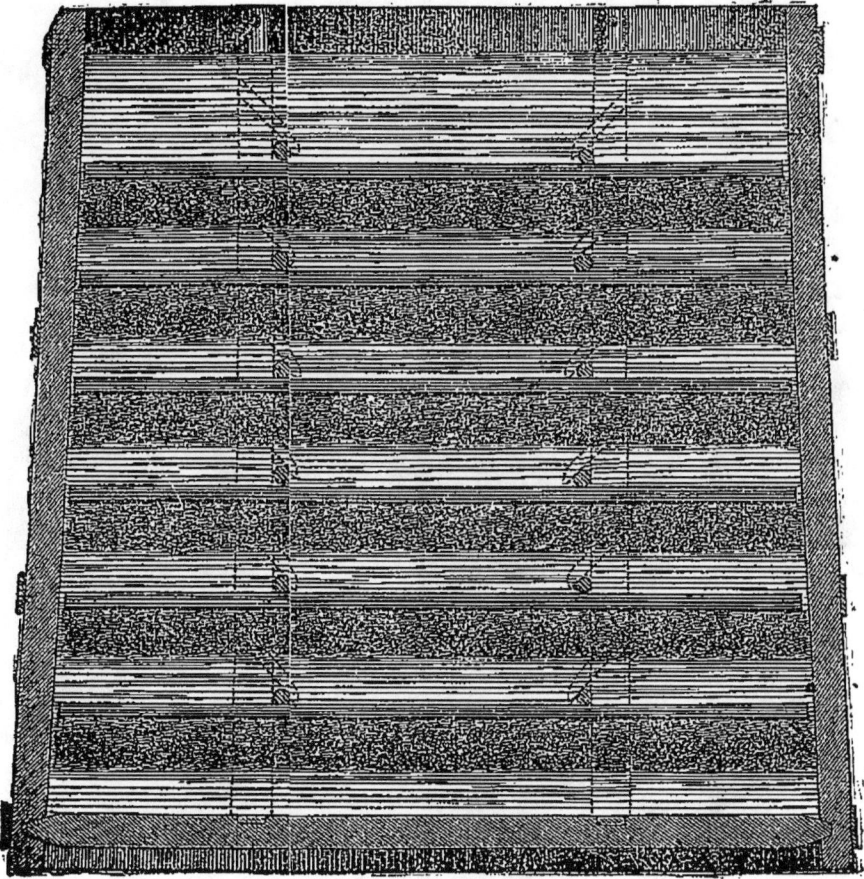

Cuve en fermentation.

« Si l'on néglige volontairement de séparer le liquide de la peau du raisin, la fermentation de ce mélange est rapide, et donne un vin chargé de produits extraits de la peau du raisin qu'on appelle marc : c'est le vin rouge.

« Ainsi fermentation du jus de raisin séparé du marc, vin blanc ; fermentation du jus de raisin en présence du marc, vin rouge.

Fig n° 38.

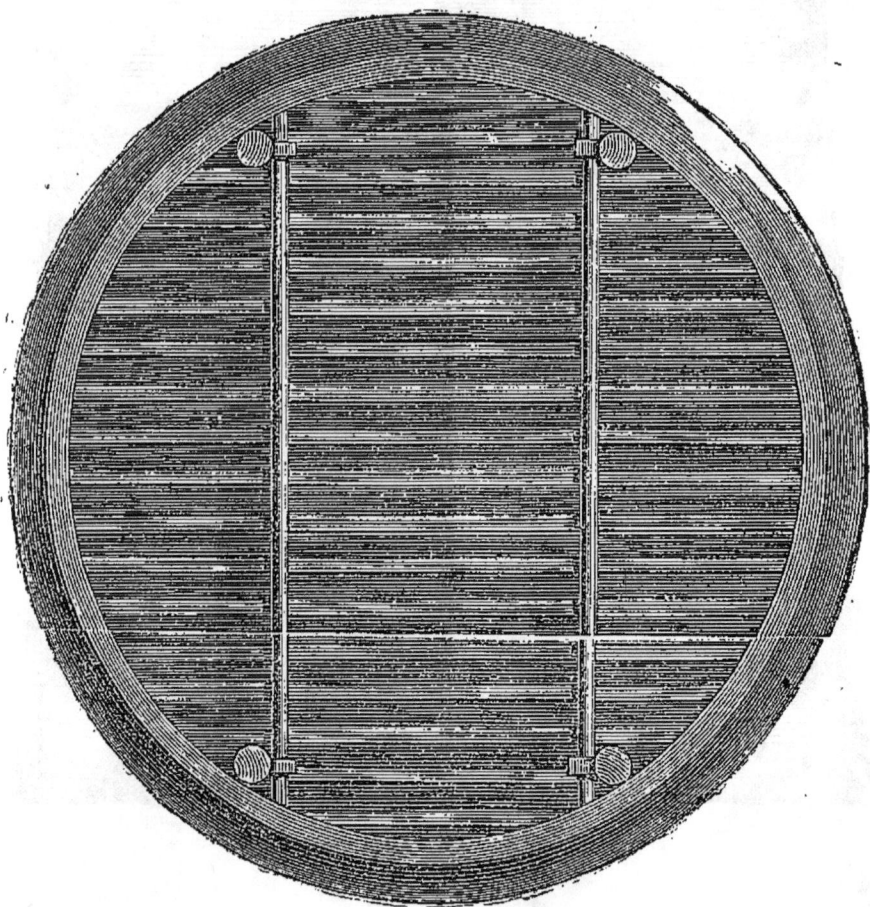

Plan des claies.

« Si j'insiste sur cette distinction, simple en appa-
rence, c'est parce que les produits de ces deux opérations sont essentiellement différents, surtout dans leur
rapport avec l'économie animale.

« En effet, le vin rouge est d'un usage général, à
cause de ses qualités hygiéniques, tandis que le vin
blanc n'est consommé qu'exceptionnellement et pro-

duit fréquemment des accidents nerveux dans les cons-
titutions les plus robustes.

« Il est d'une extrême importance d'obtenir ces
deux produits entièrement séparés. Or, ce résultat est
loin d'être atteint dans la pratique ordinaire de la
vinification. En observant attentivement ce qui se
passe dans les cuves en fermentation, on reconnaît
que, par un phénomène naturel dû à la présence du
gaz carbonique logé dans le marc, ce dernier devient
léger, se sépare du liquide et vient flotter à la surface,
occupant à peu près la moitié de la hauteur de la
masse.

« Il est évident que ce liquide séparé du marc doit
fermenter à la manière du vin blanc pendant tout le
temps que dure cette opération, et que les foulages,
même répétés, n'ont qu'une action momentanée, puisque le marc s'élève de nouveau aussitôt que la masse
n'est plus agitée. Donc, dans toute cuve en fermentation
il se produit une quantité quelconque de vin ayant le
caractère de celui fermenté hors la présence de son
marc, et le vin obtenu est un mélange de vin rouge et
de vin blanc.

« Cette observation est confirmée par la différence
de température du marc supérieur et celle du liquide
inférieur. L'écart entre ces deux températures, varia-
ble suivant que la masse est plus ou moins mélangée
par le foulage, peut s'élever à plus de dix degrés dans
le cas où on ne foule pas du tout.

« Ce cas se présente lorsqu'on emploie une seule
claire-voie à la surface de la cuve pour empêcher le

marc de s'élever au-dessus du liquide. Ce procédé imaginé pour empêcher l'acidification du chapeau, isole du liquide, pendant toute l'opération, le marc qui se comprime par sa force ascensionnelle contre la claire-voie et produit ainsi à un plus haut degré l'inconvénient des fermentations séparées.

« Cet inconvénient a été senti instinctivement et la méthode la plus répandue encore aujourd'hui, consiste à fouler souvent et à prolonger la fermentation pour obtenir, par la macération du marc, toutes les qualités qui font le vrai vin rouge : la couleur, le bouquet, le moëlleux de l'alcool enveloppés dans les principes extractifs, et enfin la supériorité de ce liquide sur son congénère, le vin blanc.

« Mais cette prolongation de la fermentation est entachée d'un vice incontestable qu'ont bien constaté les partisans des courtes cuvaisons, à savoir : l'absorption de quantités importantes d'alcool par le marc longtemps immergé dans le liquide alcoolique ; d'où l'affaiblissement du vin et souvent sa ruine.

« Enfin, on a cherché et obtenu une accélération notable de la fermentation par l'écrasement complet du raisin ; ce moyen doit toujours être employé dans ce but, mais il produit peu d'avantages pour la macération qui est amoindrie par la réduction de sa durée.»

L'inconvénient signalé par M. Perret de deux fermentations séparées et différentes, dont l'une très-active et l'autre presque nulle, a été mis en évidence par M. Pollaci, savant chimiste italien qui, voulant se rendre un compte exact des phénomènes successifs de la fermentation vineuse, mit dans un vase de verre des raisins préalablement écrasés. Dès le début de la fermentation, il remarqua, au fond du vase, une couche de liquide limpide et immobile ayant environ un demi-centimètre de hauteur. Peu à peu, et malgré l'accroissement de l'activité de la fermentation, cette couche augmenta d'épaisseur au point d'atteindre, après 24 heures, une hauteur de 12 centimètres.

Cette expérience amena M. Pollaci à penser que la transformation de la matière sucrée en alcool ne s'opérait que dans la partie du liquide en contact immédiat avec le chapeau et dans la légère couche du liquide sur laquelle repose le marc.

Désirant s'assurer de ce fait, il fit, après trois jours de fermentation, un essai gleucométrique qui indiqua cinq et demi pour cent d'alcool en volume pour le liquide en contact direct avec le marc, tandis que la couche inférieure du liquide accusait seulement un demi pour cent d'alcool. En un mot le liquide qui était au fond du vase n'était encore que du moût, quand celui dans lequel baignait le marc était déjà du vin.

Il importe donc essentiellement de prendre les moyens nécessaires pour que la fermentation soit égale dans toute la masse, et je crois que jusqu'à présent, la cuve à étages peut seule produire ce résultat.

M. Perret a pensé qu'il était possible de concilier ces deux choses essentielles : *macération convenable et fermentation rapide et égale* dans toute la masse, en remplaçant le foulage par la répartition régulière du marc dans le moût.

Depuis 1863, M. Perret opère sur les cépages de la vallée de l'Isère qui exigent une cuvaison prolongée de quinze jours à trois semaines. Le vin est dur, faible en alcool et se conserve difficilement. Ces défauts ont engagé l'auteur à faire des recherches dont la réussite l'a amené à produire un vin sensiblement plus alcoolique, se conservant bien et possédant des qualités agréables et hygiéniques qui manquent aux vins de sa contrée.

Lorsqu'on emploie des cuves à étages, il est nécessaire de laisser, entre la dernière claire-voie et le sommet de la cuve, un espace vide du quart environ de la hauteur totale, afin que le liquide soulevé par l'effet de la fermentation puisse se loger dans cet espace sans déborder. Ainsi, une cuve ayant intérieurement une hauteur de 1ᵐ 90, ne doit être remplie que jusqu'à 1ᵐ 40 ou 1ᵐ 50 au plus.

Dans le haut de la cuve il faut placer un couvercle plein en planches jointées. Cette fermeture devient, pour ainsi dire, hermétique par suite de la couche de gaz carbonique qui, étant plus lourd que l'air, ne laissse pas pénétrer celui-ci et qui est indispensable pour empêcher l'oxygène de l'air d'acidifier le liquide.

Autrefois M. Perret décuvait lorsque le liquide marquait zéro au gleucomètre. Mais il a remarqué que, vers la fin de la fermentation, l'alcool est absorbé par le marc plus rapidement qu'il n'est produit ; de là une fâcheuse déperdition d'alcool, si utile à la qualité et à la conservation du vin. Aujourd'hui M. Perret distille le marc pour en extraire l'alcool qu'il conserve jusqu'à la récolte suivante et qu'il met dans la cuve lorsque le liquide marque zéro, puis il décuve quarante-huit heures après.

Afin d'éviter les légères dépenses du système Perret et la perte de temps occasionnée par le placement et le déplacement des claires-voies de la cuve à étages, quelques œnologues proposent d'autres méthodes qu'ils disent aussi bonnes.

M. Melloni croit qu'on peut obtenir tous les avantages de la cuve Perret avec un seul compartiment qui maintiendrait le marc au fond de la cuve.

M. Buelli ne veut aussi qu'un compartiment qu'il place au milieu de la cuve et au moyen duquel il obtient, dit-il, une fermentation plus complète et un jus plus coloré.

M. Giret, comme les deux œnologues italiens, n'emploie qu'une seule claire-voie, et il la place au-dessus de la vendange. Mais pour éviter l'inconvénient des fermentations séparées, il tire, vingt-quatre heures après la mise en cuve et au moyen du robinet de décuvage, une partie du moût qu'il verse au-dessus de la claire-voie. Cette opération est répétée pendant trois jours, afin de mettre successivement toute la masse liquide en contact avec le marc.

Ces trois méthodes me paraissent bien inférieures au système Perret.

En effet, il est douteux que le marc placé au fond de la cuve puisse être le siége d'une fermentation aussi active que celle de la cuve à étages, et que le liquide ait continuellement le mouvement ascendant et descendant que l'on remarque dans la cuve Perret.

Quant au système Buelli, il est certain qu'avec la claire-voie placée au milieu de la cuve, la couche inférieure du liquide ne doit pas éprouver une fermentation aussi complète que celle du liquide placé au-dessus du marc.

Enfin, pour éviter l'inconvénient des fermentations séparées et inégales, M. Giret arrose, pendant quatre jours, la couche supérieure du liquide avec du moût qu'il tire de la partie inférieure de la cuve. Ce moyen, connu et employé depuis longtemps, donne des résultats moins satisfaisants que ceux obtenus de la cuve à étages et la perte de temps est beaucoup plus considérable.

Des cuves en maçonnerie.

Dans le Midi, où la plupart des vignobles appartiennent à de riches propriétaires, on construit des cuves en maçonnerie de très-grandes dimensions.

Au-dessus de cent hectolitres, les cuves en maçonnerie sont moins coûteuses que les cuves en bois, et elles durent indéfiniment lorsqu'elles sont faites avec soin.

Afin que les cuves en maçonnerie n'exercent pas une action fâcheuse sur le vin par la chaux des mortiers, on les construit en chaux hydraulique et on les enduit intérieurement avec du ciment romain.

M. Faure, propriétaire dans l'Isère, a fait construire, il y a quelques années, suivant les conseils et
les indications de M. Gueymard, ancien doyen hono-
raire de la Faculté des sciences de Grenoble, des cuves
en ciment de la *Porte de France*, silicatisées à l'intérieur et qui ne lui ont pas coûté à beaucoup près aussi
cher que des cuves en bois. Il a fait passer au pinceau
une première couche de silicate de potasse avec 75
pour 100 d'eau en volume. La silicate mesurait 35
degrés à l'aréomètre. Il a fait passer ensuite une deuxième couche comme la première ; puis une troisième
et une quatrième couche avec 50 pour 100 de silicate
et 50 pour 100 d'eau ; enfin, une cinquième couche
avec 75 pour 100 de silicate et 25 pour 100 d'eau.

Outre l'avantage d'obtenir une imperméabilité absolue, la silicatisation rend la surface lisse comme une
glace, et, après la récolte, avec un coup d'éponge, la
cuve devient propre comme une porcelaine lavée.

Une cuve de quarante hectolitres peut se faire très-
vite ; deux heures suffisent pour monter le moule, et
deux heures pour couler le ciment. Ce travail doit se
faire rapidement, afin que les coulées supérieures
adhèrent parfaitement aux inférieures, de manière à
ne former qu'un seul corps. Cette coulée exige six
hommes : deux applicateurs et quatre servants.

Il convient d'employer, pour ce travail, du ciment
dit brûlé, un peu fritté, à prise lente.

M. Faure a encore fait construire, de la même manière, des cuves-tonneaux bien silicatisées en dedans
et dont il se dit très-satisfait,

Dans les tonneaux en bois, on est obli gé d'ouiller très-souvent, par suite de la porosité du bois qui laisse filtrer capillairement l'eau du vin. Les tonneaux en ciment étant imperméables, il n'y a pas de transudation, et l'ouillage ne devient nécessaire que si le bouchon ne joint pas bien.

Du décuvage.

Il y a peu de questions œnologiques sur lesquelles on ait tant écrit, que sur le décuvage, sans pouvoir s'entendre.

Il semble, au premier abord, que l'on devrait décuver aussitôt que la fermentation tumultueuse a cessé et que le sucre est converti en alcool ; mais les rafles, les pepins et les pellicules jouent un rôle si important dans la formation du vin, que l'on doit nécessairement en tenir compte.

Il faut donc examiner si la fermentation a été suffisante pour extraire de ces parties solides le tannin, les corps gras et la couleur qu'elles pouvaient fournir. S'il en est ainsi, on fera bien de décuver de suite, car le vin n'a plus rien à acquérir, il ne peut que perdre de sa qualité. Mais, dans le cas contraire, il ne faut opérer le décuvage que lorsque les rafles, les pepins et les pellicules ont cédé au moût tout ce que l'état de maturité du raisin pouvait leur permettre de donner.

Toutefois il ne faut pas se dissimuler la difficulté de cette appréciation. On voit bien vite si la couleur est satisfaisante ; mais il faut une longue habitude pour reconnaître si le vin contient une proportion convenable de tannin. Quant à l'arôme, un palais exercé peut seul juger s'il est suffisamment prononcé.

On a prétendu que l'on pouvait parfaitement constater, par le gleucomètre, la transformation complète du sucre en alcool ; c'est une erreur, car il reste toujours une partie de sucre à convertir, et c'est la fermentation insensible qui a lieu dans les tonneaux qui achève cette transformation, si tant est qu'elle s'achève.

En général, on doit d'autant moins laisser cuver, que le moût a moins de sucre, que l'on désire un vin ayant plus de bouquet et moins de couleur, que le marc est plus volumineux et la température plus chaude. Au contraire, il est bon de prolonger la fermentation quand le moût est épais et que le sucre y est abondant, quand on veut un vin très-coloré, et quand les cuves sont petites et la température froide.

Dans le Midi et surtout dans les Pyrénées-Orientales, où les moûts sont si riches en principe sucré, la fermentation manque d'activité, et il lui faut longtemps pour s'accomplir ; aussi ne décuve-t-on souvent qu'après un mois et plus.

Dans tous les cas, il convient de décuver lorsque la chaleur de la fermentation s'est entièrement dissipée, lorsqu'il n'y a plus de dégagement d'acide carbonique et que la densité du moût qui a graduellement diminué ne s'affaiblit pas.

Bertholon conseille de décuver lorsque le moût, après avoir acquis son plus fort volume, par suite de la formation de l'acide carbonique, commence à s'affaisser.

Dans les bons vignobles de l'Yonne on décuve lorsque la couleur a acquis le degré d'intensité que l'on désire et lorsque le moût a perdu sa saveur sucrée pour en prendre une vineuse.

M. Maumené indique un moyen de constater l'absence de sucre dans le moût. Il consiste à prendre un morceau de mérinos blanc et à le tremper pendant quelques minutes dans une solution d'une partie de bichlorure d'étain et deux parties d'eau. On le fait sécher au bain-marie sur une bande de même étoffe et on le découpe en petites bandelettes de 8 à 10 centimètres de long sur 2 à 3 de large.

Pour juger de l'absence du sucre dans le moût, on met une goutte de ce liquide sur une bandelette et on la chauffe doucement sur un ou deux charbons. La goutte sèche promptement, et tout-à-coup elle devient noire s'il reste du sucre ; cette couleur noire se forme avant que le mérinos commence à jaunir par l'action du feu.

Pour connaître le moment le plus favorable au décuvage, M. de Vergnette-Lamothe emploie un instrument très-répandu aujourd'hui en Bourgogne. C'est une sphère en fer-blanc ou en cuivre étamé, lestée à mille grammes pour un litre, qui est le poids de l'eau à la température de quinze degrés. Cet éminent œnologue a reconnu que, en Bourgogne, le vin devait être décuvé lorsque sa densité était entre 990 et 1,010 grammes. Cette sphère flotte donc sur le moût tant que sa densité ne descend pas au-dessous de mille grammes ; si cette densité diminue davantage, la sphère s'enfonce dans le liquide et marque alors le bon moment du décuvage.

Le vigneron doit, selon moi, chercher avant tout à produire le genre de vin qui se vend le mieux dans sa contrée. Il visitera donc souvent ses cuves. Il en examinera et goûtera le vin, et il décuvera lorsqu'il lui aura reconnu la couleur, la vinosité et l'arôme qu'il désire.

On ne doit pas tirer le vin de la cuve au contact de l'air ; car, autant l'oxygène est nécessaire à une bonne fermentation du moût, autant il est nuisible au vin lorsqu'il est fait. Il faut le conduire dans les tonneaux au moyen de tubes en cuir ou en caoutchouc attachés au robinet et dont le bout plonge dans les tonneaux.

Sucrage et alcoolisation des vins.

Lorsque la maturité du raisin ne peut pas parfaitement s'accomplir, par suite de froid et de pluies persistantes, le vin manque d'alcool, n'a point de bouquet, se conserve peu et n'est pas d'une bonne vente.

Le manque de sucre entraîne celui de l'alcool dans le vin ; les acides y sont alors d'autant plus abondants

qu'il y a moins d'alcool ; il peut s'en suivre des altérations profondes et parfois la perte du vin.

Chaptal a indiqué le moyen de remédier à un aussi
grave inconvénient, en remplaçant le sucre qui manque dans le moût par du sucre de canne.

Ce procédé, dont les anciens, paraît-il, faisaient
déjà usage, porte néanmoins le nom du célèbre chimiste qui fut ministre de l'intérieur sous le premier
empire. On dit encore : *chaptaliser le vin.*

Mais cette addition doit être faite avec du sucre
meilleur, ou tout au moins, aussi bon que le sucre de
raisin. Malheureusement on emploie souvent la glucose obtenue de la fécule de pommes de terre. C'est
une fâcheuse coutume, car la fécule de pommes de
terre développe une odeur extrêmement mauvaise
pendant la saccharification, qui s'obtient au moyen de
l'acide sulfurique, odeur qui persiste encore à un certain degré dans les solutions de glucose, comme il est
facile de s'en convaincre en les chauffant.

La quantité de sucre pur que l'on peut ajouter aux
moûts trop faibles, ne doit jamais dépasser le degré
que ce moût aurait eu dans une bonne année ordinaire. Si, dans les bonnes années ordinaires, le moût
a une densité de dix degrés et que sa densité ne soit
que de sept degrés, il faudra ajouter la quantité de
sucre nécessaire pour élever le moût à la densité de
dix degrés. Cette quantité est facile à déterminer, car
on sait qu'il faut 1,500 à 1,600 grammes de sucre pur,
par hectolitre, pour élever d'un degré le chiffre gleucométrique du moût ; il faudra donc, dans ce cas, 4

kilogr. ½ de sucre pour ramener à dix degrés le moût dont la densité n'est que de sept degrés.

Sucre de raisin.

On peut facilement se procurer ce sucre en pressant des raisins aussi mûrs que possible afin d'en obtenir le jus qu'on fait bouillir au bain-marie, ou au bain de vapeur comprimée, dans des chaudières de cuivre ; on y ajoute peu à peu de la poussière de marbre blanc tant que cette poudre a de l'effervescence, ou jusqu'au moment où le jus rougit le papier bleu de tournesol. On filtre ce jus sur des étoffes de laine, on colle avec des blancs d'œufs et l'on fait évaporer, au bain de vapeur, jusqu'à la consistance la plus épaisse. Ce sirop est excellent pour le sucrage des vins, même les plus fins, auxquels il laisse leur parfum.

A défaut de sucre de raisin, on peut employer du sucre de canne bien pur, et même du sucre de bette-raves, mais seulement en pains très-blancs.

Sucrage des vins au moyen des raisins desséchés.

Il y a encore un autre moyen d'augmenter la densité des moûts trop pauvres en matière sucrée, c'est de mettre dans chaque cuve une certaine quantité de raisins séchés au soleil ou au four. Le four doit être peu chauffé et seulement jusqu'à la dépression de la pellicule des raisins.

M. Cavoleau prétend que l'addition de quelques claies de raisins séchés au four communique au vin une odeur de rose. Cela n'est pas impossible, car les vins, dits de paille, faits avec des raisins séchés au soleil, sur de la paille, sont excellents et très-recherchés.

M. Lenoir pense qu'il est plus avantageux et tout aussi bon de mettre de l'alcool, au lieu de sucre, dans les moûts d'une faible densité ; mais à la condition que ce soit du troix-six de vin bien droit en goût. L'alcool doit être mis dans la cuve au moment où la fermentation commence à faiblir.

Au point de vue de l'économie, M. Lenoir a certainement raison ; mais je crois que pour la qualité du vin, l'addition de sucre bien pur est préférable à celle du meilleur alcool.

Des moûts trop riches en sucre.

Il arrive parfois que, au lieu de manquer de sucre, les raisins en contiennent une trop grande quantité. Cela a lieu surtout dans le Midi, où la chaleur est telle qu'elle fait développer à un très-haut degré le principe sucré du raisin. Alors la fermentation vineuse ne peut pas se compléter, et les vins sont pâteux, lourds et sirupeux.

Deux moyens ont été essayés pour ramener le moût à un degré convenable ; M. Cazalis-Allut a fait vendanger avant la parfaite maturité du raisin et alors que le moût accusait seulement 12 degrés, au lieu de 15 à 20 comme cela arrive souvent. Il a ainsi obtenu des vins légers, assez agréables à boire, mais qui ne pouvaient posséder toutes les qualités qu'ils auraient eues si la maturité eût été complète.

Le second moyen consiste à ne vendanger que lorsque la maturité du raisin est complète, et à ajouter au moût une quantité d'eau suffisante pour la laisser au degré de vinosité que l'on désire.

Des vins raisin-sucreux.

Dans ma première édition, j'ai omis à dessein de parler des vins raisin-sucreux fabriqués tout d'abord par M. Pétiot, négociant à Chamirey, et dont M. Maumené indique le procédé dans son excellent ouvrage.

Depuis lors, le Midi a usé et abusé de ce moyen pour augmenter sa production, et les propriétaires y font jusqu'à quatre cuvées avec la même vendange.

Désirant me rendre un compte exact de la valeur des vins raisin-sucreux, j'en ai fait quelques hectolitres en 1873, en opérant scrupuleusement selon les indications de M. Pétiot. Le résultat que j'ai obtenu est bien loin d'être aussi remarquable que M. Pétiot prétend l'avoir obtenu. Je dois même à la vérité de dire que ce vin est inférieur des trois quarts au premier vin fait sans addition d'eau sucrée. Et cependant, loin de faire quatre cuvées successives de vin raisin-sucreux, je n'en ai fait qu'une.

En 1854, M. Pétiot a fait 285 hectolitres de vin avec une quantité de vendange qui, par les procédés ordinaires, n'aurait donné que 60 hectolitres. Cette quantité paraît déjà excessive; mais, comme on le dit, l'appétit vient en mangeant, et l'année suivante, au lieu de se borner à 285 hectolitres, M. Pétiot en a fait 3,000, c'est-à-dire *cinquante fois plus* que par les procédés habituels! de telle sorte que, si tous les vignerons suivaient l'exemple de ce négociant, la production moyenne de la France qui s'élève à 55 millions d'hectolitres environ et qui suffit jusqu'à présent à tous les besoins, s'élèverait à plus de *trois milliards* d'hectolitres et pourrait ainsi alimenter le monde entier !!

On comprend sans peine le désastreux résultat que produirait une pratique semblable, et pas n'est besoin de l'expliquer.

Du reste, je me demande, et tous les vignerons se demanderont avec moi, ce que peut bien être un pareil liquide provenant de huit ou neuf lessivages successifs de la même vendange.

Du plâtrage des vins.

L'usage du plâtre est très-répandu dans le Midi pour colorer les vins.

L'expérience démontre que le contact prolongé du moût avec les pellicules du raisin augmente la couleur du vin. Le plâtre ayant, dit-on, la faculté de ralentir la fermentation doit, en effet, augmenter l'intensité de la couleur du vin.

Employé cuit, le plâtre absorbe une certaine partie du moût et augmente ainsi la quantité d'alcool dans le restant du liquide. On lui attribue aussi la propriété d'empêcher le vin de tourner.

Mais le plâtre rend le vin rude et styptique; il est plus lourd, d'une digestion plus difficile, et M. Hugounenq le déclare très-nuisible à la santé.

Le plâtre se met dans la cuve en même temps que la vendange et par couches superposées.

Du pressurage.

Lorsqu'on a tiré tout le vin de la cuve, il reste encore à extraire celui qui est renfermé dans les rafles, les pellicules et les pepins. Pour en exprimer le jus on porte le marc sur des appareils d'une grande puissance nommés *pressoirs*.

On fait généralement remonter à Noé seulement la culture de la vigne et la fabrication du vin. Selon la la Genèse, Noé, après le déluge, découvrit en effet la vigne et la cultiva ; il fit du vin, en but et s'enivra.

Mais, bien avant le déluge on cultivait la vigne et l'on fabriquait du vin.

D'après les *Lettres écritres d'Egypte et de Nubie en 1828 et 1829*, par Champollion le jeune, on a découvert à Zaouïet-el-Meïteïn, village situé sur le bord du Nil, le tombeau d'Apophis, contenant plusieurs bas-reliefs parmi lesquels se trouvait celui d'un pressoir destiné à exprimer le moût des raisins. Or Apophis appartenait à la sixième dynastie égyptienne, qui remonte à l'an 3,852 avant Jésus-Christ. Conséquemment plus de quinze cents ans avant que Noé cultivât la vigne, on connaissait l'art d'exprimer le jus des grains du raisin.

A cette époque, le pressoir était composé de deux montants en bois solidement arc-boutés. Un fort crampon en métal était fixé sur l'un des montants ; sur l'autre, il existait un crampon semblable, mais terminé extérieurement par une boule percée d'un trou dans lequel était passé un levier à deux branches. Des hommes imprimaient un mouvement circulaire à ce levier afin de presser les raisins contenus dans une sorte de hamac, en étoffe claire et solide, attaché aux deux crampons. Le moût sortant de l'étoffe était reçu dans un grand vase placé au-dessous.

C'est exactement le moyen qu'emploient encore les ménagères pour extraire le jus des fruits avec lesquels elles font des confitures liquides.

Depuis lors, la construction des pressoirs a fait d'immenses progrès ; aujourd'hui d'intelligents mécaniciens les ont amenés à un degré de perfection qui semble ne devoir laisser à leurs successeurs aucune amélioration à y apporter.

Les pressoirs les plus répandus aujourd'hui sont ceux à vis centrale en fer. Ces appareils, qui occupent peu de place, exigent peu de réparations, ont une grande puissance et sont très-faciles à manœuvrer.

Au sortir de la cuve, on dépose le marc sur la maie (table du pressoir) ; on le dispose avec régularité dans le milieu, afin que la pression soit bien égale ; puis on le recouvre avec les portes ou plateaux épais en bois de chêne, au-dessus desquels on établit plusieurs étages de madriers également en chêne, les madriers de chaque étage étant croisés avec ceux de dessous. On fait ensuite descendre le mouton et l'on commence à presser.

Après la première serre, ou coupe le marc sur les quatre faces, de manière à en réduire le diamètre qui a été augmenté par la pression, et l'on met sur le tas tout ce qui a été enlevé par la hache, puis on recommence une autre serre, et ainsi de suite jusqu'à ce que le jus soit entièrement exprimé.

Le vin de pressurage sert à remplir les tonneaux qui contiennent le vin de goutte, ou de cuve, et qu'on n'a dû remplir qu'aux quatre cinquièmes.

On utilise le marc de diverses manières : délayé dans de l'eau et additionné d'un peu de glucose, il fermente et produit un vin assez médiocre, employé. pour la boisson des ouvriers. On le distille pour en faire de l'eau-de-vie ; ou bien on en fait du vinaigre en l'exposant à l'air et en y mettant un peu d'eau, puis on presse.

De la mise en tonneaux.

Après la fermentation que le moût a subie, il semblerait que tout est fini et que le vin ne peut en éprouver d'autre. La liqueur est devenue tranquille ; les parties hétérogènes qui y étaient suspendues par suite du mouvement fermentatif et qui la troublaient, se séparent ; elles forment un dépôt et le vin s'éclaircit. Cependant la fermentation n'est pas terminée, et il est même essentiel qu'elle ne le soit pas si l'on veut avoir un vin généreux, ayant du corps.

Pour que le vin soit de bonne qualité, il faut qu'il reste une certaine quantité de matières qui, n'ayant pas eu le temps de fermenter, subissent dans le tonneau une fermentation lente, faible et conséquemment incapable de susciter des phénomènes très-actifs de fermentation. C'est la seconde période de fermentation, que l'on nomme *fermentation insensible*.

Cette fermentation insensible a pour effet de transformer le reste du sucre en alcool, et, en outre, de séparer du vin le tartre qui s'attache aux parois du vase. La saveur du tartre étant dure et mauvaise, on comprend que le vin qui, tout en acquérant une plus grande quantité d'alcool, s'est débarrassé du tartre, doit être bien meilleur ; et c'est uniquement à cela qu'il faut attribuer la supériorité du vin vieux sur le vin nouveau.

Mais si la fermentation insensible améliore et perfectionne le vin, c'est à la condition que la première fermentation en cuve s'est bien accomplie, d'une manière régulière, et qu'elle a été arrêtée à temps. Il faut, en un mot, que la fermentation subie par le vin dans la cuve soit suffisante pour que celle qui a lieu dans les tonneaux soit peu sensible. S'il en était autrement, la seconde fermentation serait trop active et pourrait avoir des inconvénients. Toutefois il serait plus fâcheux encore de trop prolonger la fermentation en cuve ; le vin pourrait alors tourner à l'aigre, et ce mal serait sans remède, car, si la fermentation peut avancer, elle ne recule jamais.

Avant de procéder au décuvage, il est essentiel de préparer de bons tonneaux, afin d'y enfermer le vin. Si l'on se sert de vieux tonneaux, il est indispensable de s'assurer qu'ils n'ont aucun mauvais goût. Tous ceux dont on ne serait pas sûr devront être rincés avec de l'acide sulfurique dans la proportion de 20 à 30 centilitres pour un litre d'eau bouillante. On rince énergiquement le tonneau en l'agitant dans tous les sens pendant quelques minutes, puis on le vide et on le rince de nouveau avec de l'eau fraîche et en y introduisant une chaîne en fer *ad hoc*, afin d'en chasser l'acide ; on le vide, pour le rincer encore une fois avec de l'eau fraîche et bien propre.

Si, malgré ce rinçage à l'acide sulfurique le tonneau conserve encore un mauvais goût, on fait dissoudre 200 grammes de bonne chaux dans quelques litres d'eau chaude et l'on met cette dissolution dans le tonneau après l'avoir passée à travers un linge grossier. On agite fortement le tonneau dans tous les sens, puis on le lave à l'eau fraîche jusqu'à ce que l'eau sorte bien claire du tonneau.

Si le vin ne contient pas une proportion suffisante de tannin, on peut y suppléer en rinçant les vieux tonneaux avec de l'eau dans laquelle on a fait bouillir des copeaux de bois de chêne.

Les tonneaux étant bien préparés, on les met dans les caves, sur les chantiers, et on les remplit aux quatre cinquièmes de vin de goutte, puis on achève de les remplir avec le vin de pressurage.

Dans quelques vignobles, on ne mélange pas le vin de pressurage avec le vin de goutte : c'est un tort. Le vin de pressurage, sauf celui de la dernière pressée, communique au vin de goutte de la franchise, du bouquet, et contribue à sa conservation. Le comte Odart considère ce mélange comme nécessaire à la plus haute qualité du vin.

Dans le fameux vignoble de Clos-Vougeot, le marc subit quatre pressées, et le vin des trois premières est mélangé soigneusement et également avec le vin de cuve.

Les propriétaires qui ont plusieurs cuves pleines de vendange, peuvent employer, pour mélanger le vin de pressurage avec le vin de cuve, un moyen bien préférable à celui que je viens d'indiquer. Les cuves devant être tirées successivement, il faut, lorsqu'on presse le marc de la première cuve, verser tout le vin de pressurage sur la cuve qui doit être tirée après la première. Le vin de pressurage de la seconde doit être versé sur la troisième, et ainsi de suite jusqu'à la dernière dont le vin de pressurage est mis dans les tonneaux qui ont reçu le vin de la première cuve et qu'on n'a dû remplir qu'aux quatre cinquièmes, tandis que les tonneaux contenant le vin des autres cuves ont dû être entièrement remplis. — De cette manière, la fermentation dans la cuve étant plus active que dans les tonneaux, le mélange des deux vins est plus intime.

Cette manière d'opérer présente encore un autre avantage ; c'est celui-ci : Le vin de pressurage contient une innombrable quantité de globules de ferment tout formés et prêts à se reproduire. Il est donc évident qu'en mettant ces globules dans une cuve pleine de vendange, la fermentation s'y développera plus rapidement et avec plus d'énergie, et que ses phases s'accompliront d'une manière plus régulière et dans un plus court délai.

On devrait surtout employer ce procédé dans le Midi, pour surexciter la fermentation qui manque d'activité et met trop de temps à s'accomplir, par suite de la matière sucrée contenue en excès dans le moût et du manque de ferment.

Lorsque les tonneaux sont pleins, on met sur le trou de bonde quelques feuilles de vigne, que l'on y assujétit en les couvrant d'un peu de sable; cela suffit pour préserver le vin du contact de l'air et lui permet néanmoins d'accomplir sa fermentation insensible.

Après trois semaines ou un mois, lorsque cette fermentation complémentaire est à peu près achevée, on remplit de nouveau les tonneaux qu'on bouche ensuite avec un bondon.

Soins à donner aux vins en tonneaux.

Le vin en tonneaux exige de grands soins, que l'on ne saurait négliger sans s'exposer à le voir atteint d'altérations plus ou moins graves. Le vigneron doit donc visiter souvent sa cave, afin de s'assurer que rien ne périclite.

Ouillage.

Huit jours après avoir bouché les tonneaux, il faut ouiller le vin et répéter cette opération tous les huit jours pendant un certain temps, puis ouiller tous les quinze jours et enfin tous les mois, afin de ne jamais laisser un grand vide dans les tonneaux.

Si le vin est couvert de fleurs, il faut s'abstenir de verser le vin directement dans le tonneau, afin de ne pas refouler, dans le bon vin, le vin altéré qui est à la surface. Il convient, pour cela, d'employer un tube en fer-blanc, de deux centimètres de diamètre et de quarante centimètres de longueur, ouvert aux deux bouts. A dix centimètres au-dessous du bout supérieur, ce tube doit être muni d'un cône, soudé extérieurement, et dont la base soit assez large pour ne pouvoir entrer dans le trou de bonde. On bouche l'orifice supérieur avec le pouce et l'on enfonce doucement le bout inférieur dans le vin, après avoir remué légèrement pour écarter les fleurs. On met ensuite sur le tube un entonnoir dans lequel on verse le vin jusqu'à ce que les fleurs qui sont à la surface soient toutes sorties du tonneau. On perd ainsi un peu de vin; mais il vaut mieux faire ce léger sacrifice plutôt que de s'exposer à faire gâter une pièce de vin en y laissant les fleurs.

Des soutirages.

Le vin a besoin d'être assez souvent soutiré. C'était déjà une règle du temps d'Aristote et l'on n'avait garde d'y manquer, afin de rendre le vin clair et net.

Le premier soutirage doit se faire en février ou en mars, par une journée froide et sèche où souffle le vent du nord, qui est le plus favorable à cette opération, ainsi qu'on le voit dans les Géoponiques.

Le second soutirage se fait en août ou en automne.

Les soutirages ne devraient jamais être faits avec un gros robinet, qui laisse constamment le vin en contact avec l'air.

On a calculé qu'un hectolitre de vin soutiré au moyen d'un robinet de 4 centimètres, offre, en coulant, à l'influence de l'air, une surface de dix mètres carrés, surface qui fait plus que doubler lorsqu'on vide les brocs dans l'entonnoir placé sur le tonneau qui reçoit le vin.

Les pompes à soutirer ont été tellement perfectionnées, que leur emploi procure un soutirage parfait ; aussi sont-ce les seuls instruments dont on devrait se servir pour cette opération.

Du collage des vins.

Malgré tous les soins que l'on peut donner au soutirage, il arrive souvent que les vins ne sont pas très-clairs ; on les appelle des vins louches, gras. Dans ce cas, il est nécessaire de les clarifier par un collage. On emploie pour cela les gélatines, les blancs d'œufs, le sang, le lait ou la crème, ainsi que les poudres de Jullien, d'Appert et autres.

Les blancs d'œufs frais sont la meilleure colle à employer : six blancs d'œufs pour une pièce de vin de

200 à 230 litres. Après eux viennent les gélatines. Celle qui est préférable est, sans contredit, la colle de poisson, et l'on ne devrait pas en employer d'autres, pas même les meilleures colles d'os, qui contiennent presque toujours du phosphate de chaux. Au contraire, la colle de poisson est toujours pure et ne contient rien de nuisible au vin.

Le sang s'altère très-facilement, même en poudre ; cette colle peut avoir les plus graves inconvénients.

Le lait et la crème introduisent dans le vin du sucre de lait capable de subir la fermentation ; il ne faut donc faire usage de cette colle que pour les vins d'une solidité à toute épreuve.

Plusieurs industriels fabriquent des poudres pour le collage des vins. J'ai fait l'essai de celle de Jullien, de Verrier, d'Appert et de deux autres dont le nom m'échappe ; celle qui m'a le mieux réussi et que je considère comme bien supérieure aux autres, est celle d'Appert.

Souvent on mêle du sel aux blancs d'œufs lorsqu'on les prépare pour le collage : c'est une excellente coutume, à la condition cependant de n'employer que du sel blanc, qui rend cette préparation plus facile.

Il est essentiel que la colle soit parfaitement mêlée avec le vin. Ordinairement on se sert, pour opérer ce mélange, d'un bâton dont le bout, qui doit être introduit dans le tonneau, est fendu en quatre ; on agite fortement le vin en tous sens pendant quelques minutes, afin que le mélange soit bien complet, puis on remplit le tonneau et on le bouche.

Dans le Bordelais on emploie un instrument semblable à celui dont on se sert pour nettoyer les verres
de lampe, mais beaucoup plus gros et long. C'est une
tige en fer armée d'un côté d'une poignée pour manœuvrer l'instrument, et qui, à l'autre bout, est
garnie, sur le quart environ de sa longueur, de touffes
de crins qui forment une brosse circulaire ; on la passe
par le trou de bonde, puis on l'agite en tous sens pendant quelques minutes après lesquelles le mélange
est parfait.

Du soufrage des vins.

On pratique le soufrage des vins pour détruire les
ferments engendrés par la lie, et pour soustraire pendant quelque temps les vins à la fermentation et les
rendre plus durables.

Cette opération se fait en brûlant une mèche soufrée
que l'on introduit dans le tonneau, au moyen d'un
crochet en fil de fer, dont le bout supérieur traverse
un long et gros bondon destiné à boucher le tonneau
et à empêcher l'évaporation de l'acide sulfureux.

L'emploi des mèches présente un assez grand inconvénient : parfois la toile carbonisée par la com-
bustion, se détache du crochet et tombe dans le tonneau, ce qui peut faire gâter le vin.

Pour éviter ce danger, M. Maumené a inventé un
méchoir qui consiste en un dé en terre cuite percé de

trous et suspendu au tampon par trois fils de fer. On place la mèche dans le dé, on y met le feu, et l'on descend le méchoir dans le tonneau. La mèche brûle, et l'acide sulfureux, passant par les trous, se répand dans le tonneau sans qu'aucune parcelle de toile puisse sortir du dé.

Du mutage des vins.

Lorsqu'on veut complètement muter le vin, on introduit dans le tonneau un morceau de mèche soufrée d'environ quatre centimètres carrés ; on la fait brûler comme d'ordinaire et l'on verse ensuite dans le fût 25 à 30 litres de vin ; on agite fortement le tonneau dans tous les sens, après quoi on brûle une autre mèche et on introduit encore 25 à 30 litres de vin dans le tonneau, et ainsi de suite jusqu'à ce que le fût est plein.

Des bondons.

On fait usage de bondons pour boucher les tonneaux et préserver le vin de l'action de l'oxygène atmosphérique, qui est une des principales causes de ses maladies.

Je ne parlerai pas des bondons en bois qui sont les plus usités et que tous les vignerons connaissent.

On emploie aussi des bondons hydrauliques pour soustraire le vin au contact de l'air, tout en laissant échapper l'acide carbonique pendant la fermentation lente qui a lieu après là mise en tonneaux.

M. Cassebois, professeur de physique à Metz, est l'inventeur du premier bondon hydraulique.

Depuis longtemps on emploie en Bourgogne et en Champagne un bondon hydraulique ainsi fait : un cône de fer-blanc ouvert aux deux bouts et ayant plusieurs échancrures à sa partie basse ; on soude autour de ce cône une cuvette qu'on remplit d'eau ; on recouvre l'extrémité supérieure du cône avec un capuchon percé de trous à sa base. Le bondon étant fixé dans le trou de bonde, fait ressort au moyen de ses échancrures, le gaz carbonique monte dans le tube, redescend sous le capuchon et s'échappe par les trous en traversant l'eau qu'il refoule.

M. Payen a inventé un bondon hydraulique que l'on dit très-bon, mais qui est trop compliqué.

Coloration des vins.

Lorsque le vin manque de couleur, on a, dans quelques contrées vinicoles, la funeste habitude de lui en donner avec du jus d'airelles, de baies de sureau, d'hyèble, etc... Ces falsifications sont toujours condamnables, souvent dangereuses, et l'on ne saurait trop les flétrir. Les vignerons ont des moyens naturels d'augmenter la couleur du vin, c'est la plantation de cépages produisant du vin excessivement coloré ; tels sont le Tcinturier et le Corbeau.

Maladies des vins.

Les vins sont sujets à contracter des maladies, qui souvent occasionnent la perte de toutes leurs qualités et les rendent impropres à la consommation.

La plupart de ces maladies ont pour cause la trop faible quantité d'alcool contenu dans le vin : d'autres sont dues à une proportion insuffisante de tannin : enfin quelques-unes sont le résultat de la négligence des vignerons.

Les moyens employés jusqu'à ce jour pour la guérison de ces maladies n'ont pas toujours l'efficacité désirable ; il vaut donc mieux prévenir ces maladies que d'avoir à les combattre.

Si les moûts sont trop faibles et ne contiennent pas assez de matière sucrée, il faut leur en donner par une addition de bon sucre dans la cuve, afin d'augmenter la quantité d'alcool dans le vin. Si le vin n'a pas une quantité suffisante dè tannin, il est nécessaire d'y en ajouter.

Des vins piqués.

Ce sont presque toujours les vins très-aqueux, manquant d'alcool, qui sont le plus sujets à cette maladie, dont on peut les préserver en y ajoutant de l'alcool et du tartre.

Lorsque le vin commence à piquer, il faut le refroidir en arrosant la surface extérieure des tonneaux ou en y mettant de la glace : il en faut un kilogramme et demi pour 250 litres de vin.

Un autre moyen consiste à soumettre le vin à la congélation. M. de Vergnette-Lamothe a reconnu que les vins gèlent aussitôt que leur température descend à 6 ou 7 degrés au-dessous de zéro. Au moment où le dégel s'annonce, il faut se hâter de soutirer le vin et le séparer des glaçons.

Mais il vaut mieux prévenir cette maladie des vins que de la laisser se déclarer, car la plupart du temps tous les moyens de guérison sont impuissants.

Guérison des vins piqués.

En 1870 j'ai découvert un moyen certain de guérir les vins piqués ; et si je ne l'ai pas publié dans ma première édition, c'est que je n'avais pas eu l'occasion de l'expérimenter assez souvent pour m'assurer de sa constante efficacité.

Le premier essai a été fait sur une pièce de vin piqué d'une couleur rouge-noire, et un peu trouble. Ce vin a été radicalement guéri.

La seconde fois j'opérais sur une pipe de 750 litres dont le vin piqué était trouble. Le traitement que je lui ai fait subir lui a rendu, non-seulement sa limpidité, mais encore sa couleur naturelle d'un rouge aussi brillant que si ce vin n'eût jamais subi aucune altération. Toutefois, il était piqué à un si haut degré, qu'il lui était resté une légère acidité ; mais elle était si peu sensible que plusieurs personnes auxquelles j'ai fait goûter ce vin ne s'en sont pas aperçu et que mes domestiques et mes ouvriers, qui en ont bu pendant plusieurs mois, l'on trouvé bon jusqu'à la fin.

Depuis lors, j'ai eu plusieurs fois l'occasion d'expérimenter mon procédé et j'ai toujours si bien réussi que des marchands de vin ont dégusté les vins traités et les ont trouvés francs de mauvais goût.

Ce procédé, que je livre à la publicité, consiste à mettre, pour une pièce de deux hectolitres de vin piqué, deux litres *d'alcool de vin* dans un broc et à verser dessus douze litres d'eau excessivement fraîche, à bien opérer le mélange, et à vider cette eau alcoolisée dans le vin. Si le vin est très-piqué et très-trouble, il faut augmenter la dose d'alcool.

A défaut d'alcool, on peut employer de *l'eau-de-vie de vin* ; mais il faut doubler la dose et en mettre quatre litres au lieu de deux litres d'alcool.

Des vins troubles, bleus.

Cette maladie, qui a beaucoup d'analogie avec la précédente, quant aux causes qui l'occasionnent, peut être guérie par une addition d'acide tartrique, ou en soutirant le vin dans un tonneau soufré, afin d'arrêter la fermentation, puis on colle.

Des vins gras et filants.

On remédie à cette maladie en ajoutant du tannin au vin, au moyen de la noix de galle, de sorbes avant leur maturité, ou de pepins de raisins. Ce dernier moyen est préférable aux autres.

Un grand nombre de végétaux contiennent de l'acide tannique ; mais ce tannin diffère d'un végétal à un autre. On le trouve dans la noix de galle, dans le cachou, dans le chêne rouvre, dans le bois jaune, dans le café et dans le quinquina.

Mais tous ces tannins ont des inconvénients plus ou moins graves pour la santé, car ils ont tous la propriété de tanner les membranes animales. Aussi la plus faible quantité de ces tannins ajoutée au vin exerce son action sur les membranes de l'estomac et des intestins, qui doivent, à la longue, être recouvertes d'une couche d'acide tannique.

M. Tisy, pharmacien-chimiste à Paris, prépare, par un procédé de son invention, un tannin excellent avec des pepins de raisins de Bordeaux.

On peut, à la rigueur, préparer soi-même le tannin de pepins de raisins, selon la méthode suivante indiquée par M. Parent.

On prend 200 grammes de pepins de raisins concassés, qu'on place dans une bouteille ou dans un vase quelconque bien fermé; on ajoute 500 grammes d'eau-de-vie ; le mélange forme une bouillie très-épaisse ; on agite chaque jour. Après une macération d'environ 15 jours, on jette le tout dans un cylindre, dont le fond est un diaphragme percé de petits trous (le vase employé à préparer le café peut parfaitement remplir le but) ; on laisse couler le liquide, puis on arrose la surface avec de l'eau-de-vie pour chasser le liquide qui imprègne le marc ; par de nouvelles additions d'eau-de-vie faites successivement et lentement, on arrive ainsi à épuiser complètement la substance de ces principes solubles ; on s'arrête lorsque le poids total du liquide retiré s'élève à 500 grammes; on filtre ensuite au papier. Cette quantité renferme environ 20 grammes de tannin et peut être ajoutée à un hectolitre de vin.

M. Chevallier-Appert, de Paris, fabrique un œno-tannin qui, mêlé au vin, le rend plus ferme, plus corsé et assure sa conservation.

J'engage les personnes qui ne voudraient pas ou ne pourraient pas préparer elles-mêmes le tannin dont elles ont besoin, à s'adresser à cette maison.

La plupart des vins fins de Bourgogne manquent de tannin, et c'est là, il n'en faut pas douter, la principale cause de leur peu de durée ; tandis que les vins de Bordeaux doivent leur longue conservation à la forte dose de tannin dont ils sont naturellement pourvus.

On indique encore le moyen suivant pour guérir les vins qui filent : Il faut les soutirer, en ayant soin de remplir de paille l'entonnoir placé sur le tonneau qui doit recevoir le vin, et l'y bien tasser. La seule précaution à prendre est de verser le vin d'un peu haut dans l'entonnoir.

Des vins aigres.

Le vin aigrit promptement par l'influence de l'air, si cet air est dissous dans le vin. On comprend dès-lors combien il importe de soustraire le vin à l'action de l'air ; et c'est ici le cas de répéter que les soutirages ne devraient pas être faits au moyen d'un gros robinet pour le recevoir dans des vases servant à le verser dans les tonneaux. Les vignerons ne devraient employer, pour le soutirage du vin, que les siphons, les pompes ou le soufflet champenois.

Le seul remède contre l'aigreur est l'introduction du gaz acide carbonique dans le vin.

Astringence des vins.

On peut guérir les vins de cette maladie en les collant très-fortement et en les soutirant aussitôt qu'ils sont clairs.

De l'amertume des vins.

L'amertume des vins disparait lorsqu'on y ajoute une légère quantité de bonne chaux ; il suffit de 20 à 30 centigrammes de chaux par litre, selon le degré d'amertume. On la fait éteindre dans un peu d'eau et on la met dans le tonneau, on agite fortement, on laisse reposer quelques jours, puis on soutire et on colle.

Des vins tournés.

On rétablit souvent des vins tournés par une addition d'acide tartrique.

Des vins ayant le goût de fût.

L'huile d'olive bien pure et bien fraîche peut enlever le goût de fût ou de moisi au vin. On en introduit 500 grammes dans un tonneau de 200 litres et on l'agite fortement. L'huile dissout, à ce qu'il paraît, les traces de matière odorante ; mais il faut préalablement transvaser le vin dans un tonneau exempt de mauvais goût.

On conseille aussi, après avoir soutiré le vin dans un tonneau franc de goût, d'y suspendre la moitié d'un citron frais pendant quelques jours et jusqu'à ce que le mauvais goût ait disparu.

Parmentier conseillait de soutirer d'abord le vin dans nn tonneau récemment vidé et d'y ajouter de la bonne lie fraîche ; on roule souvent le tonneau, puis on soutire le vin aussitôt qu'il est clair.

Mais ces moyens ne sont, la plupart du temps, que des palliatifs qui laissent au vin une légère odeur de fût.

Conservation des vins.

Les causes indiquées plus haut ne sont pas les seules qui occasionnent les maladies des vins, que leur nature complexe expose à des altérations parfois impossibles à éviter. Ainsi on sait que si les grands vins du Médoc supportent facilement les transports sur mer, qui, loin de les altérer, les améliorent ; il n'en est pas de même de beaucoup d'autres vins, et notamment des vins de Bourgogne, qui ne peuvent résister à un long voyage sur mer.

Les œnologues et les chimistes ont fait des recherches pour détruire autant que possible les causes d'altération des vins et pour assurer leur conservation. Leurs études n'ont pas été vaines, car, parmi les moyens indiqués, deux ont déjà la sanction de l'expérience.

Congélation des vins.

Le premier moyen connu depuis longtemps, mais remis en honneur par M. de Vergnette-Lamothe, consiste à opérer la congélation des vins.

Cet éminent œnologue dit que, pour obtenir facilement la congélation, il est nécessaire de remplir les conditions suivantes : choisir un terrain sans abri, ouvert au nord, garanti du midi par un mur un peu élevé ; placer les chantiers le long de ce mur dont l'ombre garantira les tonneaux des rayons solaires : choisir une nuit où le ciel sera clair et sans nuages, la terre couverte de neige, et le thermomètre à six degrés au-dessous de zéro. Si le vent reste vif à la chute du jour, si le baromètre continue de monter lentement, et si *les mains des tonneliers adhèrent contre les ferrures extérieures des maisons*, on peut mettre le vin sur les chantiers en laissant une certaine distance entre les fûts ; Il ne faut pas non plus que les tonneaux soient pleins et que le bondon force dans le trou de bonde.

Une fois le vin congelé, on le soutire, en ayant la précaution de ne pas déranger les tonneaux, afin de n'entraîner aucune parcelle de glace. On met ensuite les tonneaux dans un cellier froid et accessible à l'air; le vin ne tarde pas à s'y éclaircir sans qu'on le colle. Alors on le soutire de nouveau et on le descend dans la cave.

M. de Vergnette-Lamothe conseille de ne soumettre à la congélation que les produits médiocres des premiers crûs, et surtout les vins fins et légers, mais faibles.

On peut congeler le vin en tout temps en employant un moyen indiqué par le même œnologue.

Les tonneaux dont on veut geler le vin sont exposés à l'air quelque temps à l'avance, de manière à abaisser la température du liquide. On verse le vin dans une sabotière en cuivre étamé, munie d'un couvercle qui peut, au moyen d'un mécanisme particulier, faire corps avec elle. On place cette sabotière, d'une capacité de plus d'un hectolitre, dans un tonneau défoncé et muni d'un robinet; on remplit l'intervalle avec trois couches de neige et trois couches de se successivement. On couvre le tonneau d'un linge mouillé ; au bout de douze heures on soutire l'eau salée qui s'est produite et l'on fait tomber, avec une pelle, toute la neige qui adhère à la sabotière. On remplit de nouveau l'intervalle avec de la neige et cinq kilogrammes de sel. Douze heures plus tard la congélation est suffisante et l'on peut soutirer le vin. Pour cela, on emploie un siphon d'un grand diamètre muni d'un robinet. Le vin doit tomber dans un en-tonnoir muni d'une toile métallique fine en fil de fer étamé, et d'un tamis, pour ne laisser passer aucun glaçon. On met ensuite le vin en tonneau ou en bou-teilles.

Si on a une grande quantité de vin à congeler, on place douze à quinze sabotières dans une cuve et l'on procède comme je l'ai dit.

Lorsqu'au sortir des sabotières, le vin n'est pas bien clair, il faut le laisser reposer deux ou trois mois avant de le soutirer.

Chauffage des vins.

Le second moyen est l'antipode du premier, car c'est en chauffant les vins qu'on parvient à en assurer la conservation.

M. de Vergnette-Lamothe et M. Pasteur se disputent la priorité de cette invention, qui probablement n'ap-partient ni à l'un ni à l'autre de ces savants.

En effet, au commencement de ce siècle, Appert eut l'idée de conserver les vins en les soumettant à une température élevée, et les essais qu'il fit alors sur quelques bouteilles de vin de Bourgogne soumises à une température de 70 degrés et envoyées à Saint-Domingue, ont démontré que les vins chauffés acquéraient beaucoup de qualité et la faculté de se conserver presque indéfiniment.

De nouvelles expériences faites dans de meilleures conditions ont corroboré celles faites par Appert et prouvé que le chauffage des vins à une température de 50 à 60 degrés les améliore, les vieillit et les conserve.

Une commission, composée de connaisseurs émérites, a dégusté chez M. Pasteur, neuf sortes de vins, dont six ont été déclarés, par *l'unanimité des dégustateurs*, supérieurs aux exemplaires non chauffés.

Pour les trois autres sortes, la majorité les a reconnus supérieurs à leurs pareils non chauffés.

Le chauffage des vins assure, dit-on, la conservation indéfinie des vins en tuant les végétations microscopiques (le ferment) et leurs germes ; et, la cause des maladies étant supprimée, le vin devient inaltérable. Cela est fort possible, mais non certain.

N'est-il pas permis de penser que le degré de chaleur auquel on élève le vin achève la fermentation insensible et transforme ainsi en alcool tout le sucre qu'il contenait encore ? Or, comme sans sucre, le vin ne peut pas subir de fermentation, cause des maladies, il s'ensuit qu'il devient presque inaltérable.

M. Terrel-des-Chênes est l'inventeur d'un œnotherme servant à chauffer le vin destiné à être mis en bouteilles. Cet appareil est très-ingénieux. Le vin y arrive directement du tonneau et y subit une température de 50 à 60 degrés, puis il passe dans un refroidisseur qui le ramène à une température de 20 degrés environ. Ce refroidisseur est muni d'un robinet par lequel s'écoule le vin dans les bouteilles.

Electrisation des vins.

Un troisième moyen a été trouvé il y a peu de temps ; c'est l'électricité. Mais les essais faits jusqu'à présent ne sont pas assez concluants pour affirmer que l'électrisation des vins assurera aussi bien leur conservation que la congélation et le chauffage.

FIN.

PETITE AMPÉLOGRAPHIE

ou

DESCRIPTION DES CÉPAGES A VIN

Les plus cultivés en France.

~~~~~~~~~~

Pour la description des cépages que je n'ai pas dans ma collection, j'ai eu recours aux travaux de nos meilleurs ampélographes, MM. le comte Odart, Victor Rendu et Victor Pulliat.

~~~~~~~~~~

Aligoté ou **Purion** (Bourgogne). Feuilles larges, cotonneuses en dessous, et dont le pétiole ou queue est fortement teinté de rouge ; raisin blanc de grosseur moyenne, à grains serrés, un peu sujets à pourrir. Bonne fertilité. Vin ordinaire.

Aramon. — *Plant riche.* Dans le Gard et l'Hérault.

Ugni noir. Dans le Var et les Bouches-du-Rhône. — Feuille grande, glabre sur les deux faces. Grappe grande, ailée. Grains gros, ronds, noirs, peu serrés, craint beaucoup la gelée, et un peu la pourriture. Le plus fertile de tous les cépages, mais produisant un mauvais vin, exclusivement destiné autrefois à la chaudière.

Arnoison blanc ou **Epinette blanche.** Grappes ailées, rarement régulières, peu volumineuses, assez garnies de grains de moyenne grosseur, prenant, à leur maturité, une teinte jaune, Sujet à la pourriture. Cépage vigoureux et d'un bon produit ; très-bon vin.

Arrouya, (Hautes-Pyrénées). Feuille grande, glabre sur les deux faces, Grappe tantôt grande, tantôt moyenne, ailée. Grains ronds, un peu serrés. Cépage vigoureux et fertile. Bon vin. C'est le Blauer portugieser du comte Odart.

Auguby ou **Juby** (Gard et Hérault). Feuille petite, glabre ; grappe moyenne, conique, un peu ailée, garnie de beaux grains bleus, légèrement oblongs, d'un goût fin et sucré.

Baclan ou **Béclan** (Jura). — Feuille moyenne, d'un vert jaune en dessus, glabre, en dessous, et dont les bords rougissent au mois d'août ; grappe moyenne, un peu longue ; grains ronds, moyens, serrés ; cépage d'une bonne fertilité, produisant un vin très-coloré et bon. Taille en courgées de six à sept boutons.

Bordelais ou **Grosse Mérille** (Tarn-et-Garonne). — Feuille très-rugueuse, parfois boursoufflée, le plus souvent entière, ou du moins à lobes peu découpés ; belle grappe à grains ronds, noirs et serrés. Cépage productif. Vin médiocre.

Bouchalès, Bouissalès ou **Bouissoulès**. Feuille grande, rugueuse, aranéeuse, blanche en dessous ; grappe grosse, très-longue , à grains gros et serrés ; cépage très productif ; vin de qualité médiocre ; maturité un peu tardive.

Cabernet franc ou encore **Carmenet** et **Petite Vidure** (Médoc). Feuille moyenne, mince, à cinq lobes, glabre inférieurement ; grappe longue, cylindrique ; grains petits, ronds, noirs, à pédicelle brun foncé ; vin excellent dans les terrains qui lui conviennent ; taille longue.

Cabernet Sauvignon. Bourgeonnement grenat, légèrement duveté ; feuille d'un vert gai, lisse supérieurement, glabre à la face inférieure ; sinus profonds, larges ét arrondis dans le fond; denture aigue ; nervures vertes, un peu saillantes en dessous ; sinus pétiolaire presque fermé ; grappe longue, cylindrique, simple pédoncule assez long, pédicelle rougeâtre ; grains petits, ronds, d'un beau noir.

Carignan ou **Carignane.** Feuille ample, profondément divisée, cotonneuse en dessous, le pétiole très-fort, ainsi que le pédoncule de la grappe ; grappe grosse, bien garnie de gros grains noirs un peu oblongs; très-sujet à la coulure et sensible aux gelées printanières ; productif lorsqu'aucun de ces accidents ne l'atteint ; vin spiritueux, très-coloré et solide.

Carmenère ou **Grande Vidure.** — Feuille assez grande, plus large que longue, glabre ; grappe grande, presque toujours conique ; grains moyens, un peu ovales, espacés, croquants, à peau dure et épaisse ; cépage vigoureux ; vin de bonne qualité et riche en couleur ; taille longue.

Chardenay ou **Chardonay** — Feuilles moyennes, glabres, prenant une légère teinte jaune à la maturité du raisin ; grappes petites, grains petits, ronds, marqués de points bruns ; excellent vin blanc. Taille longue.

Chasselas de **Négrepont.** J'ai reçu ce cépage sous le faux nom de Tokai. Ce chasselas débute, à l'époque du changement de couleur, par une couleur vert pâle qui devient peu à peu d'un rouge clair et passe ensuite au rouge violet ; sa grappe est grosse, longue, très-belle et garnie de beaux grains : il a un parfum qui lui est propre. Ce cépage est très-fertile.

Chauché noir Feuilles petites, tourmentées, aranéeuses en dessous ; grappe moyenne, grains gros, oblongs, peu serrés ; sensible aux gelées printanières et à la coulure; vin coloré, généreux, liquoreux même dans les bonnes années.

Chenin noir ou **Pineau d'Aunis.** — Feuilles épaisses, vert foncé, tourmentées, glabres supérieurement, cotonneuses en dessous ; pétioles et nervures un peu rouges ; grappe moyenne, ailée ; grains moyens, ronds, peu serrés ; vin assez bon, mais manquant de couleur.

Clairette blanche ou **Clarette blanquette.** — Feuilles un peu tourmentées, d'un vert foncé, très-cotonneuses en dessous ; grappe ailée, conique ; grains oblongs, peu serrés ; bon vin.

Corbeau ou **Picot rouge, Montmélian.** Feuille épaisse, rude, glabre en dessus, cotonneuse en dessous, se teintant parfois de rouge à la maturité du raisin ; grappe grosse, longue ; grains ronds, gros, serrés, dont la pellicule est très-riche en matière colorante ; très-fertile ; vin plat, mais très-coloré.

Cot à **queue rouge** (Indre-et-Loire).

Cahors (Loir-et-Cher)

Cauly, Jacobin (Vienne).

Auxerrois (Lot).

Pied rouge, Pied de perdrix, Pied noir, Cote rouge (dans les départements baignés par le Tarn, la Garonne et la Dordogne).

Noir de **Pressac Gourdoux** (Gironde).

Estrancey (Ariège et Gironde).

Quercy (Charente).

Bourguignon noir (Meurthe, Saône-et-Loire, Ain). Feuilles moyennes, glabres sur les deux faces, denture aiguë, inégale ; pétiole un peu long, teinté de rouge; grappe longue ailée; pédoncules et pédicelles rouges ; grains beaux, bien noirs, peu serrés, ronds ; cépage vigoureux, mais excessivement sujet à la coulure, ce qui en fait abandonner la culture; vin bon et riche en couleur.

Cot à queue verte. Ne diffère du précédent que par la couleur verte du pédoncule de la grappe et du pétiole des feuilles ; infiniment moins sujet à la coulure que le Cot à queue rouge, par conséquent plus fertile ; vin bon et très-coloré ; cépage très-vigoureux ; taille mixte.

Damas noir ou **Gros noir** (Auvergne). Feuilles glabres ; grappe allongée, ailée ; grains moyens ou gros, peu serrés; cépage vigoureux; vin coloré, ordinaire. Taille longue ou courte.

Dégoûtant, Saintongeois. Feuilles moyennes, presque rondes, glabres à la face supérieure et cotonneuses en dessous; grappe allongée, ailée ; grains moyens. presque ronds, d'un beau noir ; vin médiocre.

Enfariné (Jura). Feuilles plus longues que larges, profondément découpées. à dentelure aiguë, un peu cotonneuses en dessous et surtout sur les nervures ; grappe moyenne, portant souvent un grapillon séparé; grains moyens peu serrés, couverts d'une abondante poussière blanche, raisin très-acerbe, contenant une grande proportion de tannin. Taille longue.

Fendant roux (Suisse). Feuille moyenne, d'un vert clair, un peu jaunâtre ; grappe grosse, grains ronds, fermes, d'un vert clair, qui se dorent à l'exposition du soleil. Cépage très-fertile, vin ordinaire.

Furmint. Feuilles le plus souvent entières, légèrement trilobées, d'un vert foncé à la face supérieure, très-cotonneuses à l'inférieure, avec les nervures saillantes ; grappe d'une longueur moyenne, plutôt cylindrique que conique ; grains peu serrés, preque toujours *millerandés*, d'un blanc jaunâtre à leur maturité; pédoncule frêle et fragile ; les raisins se dessèchent facilement. C'est ce cépage qui donne les fameux vins de Tokai (Hongrie).

Petit Gamay. Feuilles moyennes, d'un vert peu foncé, un peu plus longues que larges, glabres, lobes peu ou bien marqués, selon les variétés, grappe moyenne ou grosse, le plus souvent cylindrique. rarement ailée ; grains d'un beau noir, légèrement pruinés, oblongs.

C'est de ce Gamay type que l'on a tiré par sélection les diverses variétés ci-dessous cultivées surtout en Bourgogne et en Beaujolais. Ce cépage produit, selon les variétés, le sol, le climat et l'exposition, depuis les vins les plus médiocres jusqu'aux vins très-estimés de Brouilly, Fleurie, Villier, Morgon, Thorins et Moulin-à-Vent.

Gamay d'**Arcenant**. Le plus fertile ; mais ses raisins sont tellement serrés, qu'ils mûrissent mal et sont sujets à pourrir. Vin peu coloré et mauvais dans les années qui ne sont pas très-chaudes.

Gamay de **Bévy**. Moins fertile que le précédent ; mais, sa production étant plus régulière, la différence du rendement moyen n'est pas grande. Vin médiocre, mais supérieur à celui du Gamay d'Arcenant.

Gamay d'**Evelles**. On le dit très-productif, mais un peu sujet à la pourriture.

Gamay de **Malin**. Variété très-productive ; mais il est difficile de se procurer ce cépage sans mélange d'autres plants.

Variétés du petit Gamay.

Gamay Châtillon.

Gamay de la **Bronde.**

Gamay Magny.

Gamay Monternier.

Gamay Nicolas.

Gamay Picard.

Gamay de **Vaux** ou **Plant Geoffray.**

Ces sept variétés de Gamay sont principalement cultivées dans les vignobles du Beaujolais ; ils sont tous fertiles ; ceux qui sont préférés sont le Gamay Picard, le Gamay de la Bronde et le Gamay Nicolas.

Gamay de **Saint-Galmier** ou des **trois ceps**. Ce Gamay paraît être aussi fertile et avoir les mêmes défauts que celui d'Arcenant, avec lequel il a tant de points de ressemblance que je les crois identiques. On le nomme aussi *Plant de Marcou*. Il n'est guère cultivé que dans le département de la Loire.

Gamay Ovolat. Mêmes caractères botaniques, mêmes défauts et mêmes qualités que le précédent.

Gamay de Saint-Romain, originaire de la commune de Saint-Romain-la-Motte, près Roanne. Ce Gamay peut rivaliser avec les Gamays du Beaujolais sous le rapport de la fertilité, aussi bien que sous celui de la qualité du vin. Du reste, j'ai connu un propriétaire du Beaujolais qui le préférait au Gamay Picard, qui est beaucoup moins robuste.

Gamay Teinturier. *Gamay rouge de Bouze,* bourgeonnement vert marron. Sa feuille devient rouge en automne. Les pédicelles de la grappe sont teintés de rouge ; le jus du raisin est rose pâle ou rose rouge, car j'en possède deux variétés ; très-fertile ; vin moins bon que celui des petits Gamays ; exigeant pour les engrais, en terre légère.

Gros Gamay, Gamay de Montagne.

Le gros Gamay paraît être le père de toute la tribu ; c'est lui que les ducs de Bourgogne et les parlements avaient frappé d'un anathême absolu qu'il ne méritait pas autant que beaucoup d'autres cépages qui lui sont inférieurs sous le rapport de la qualité et de l'abondance des produits.

Le gros Gamay est très-fertile, moins cependant que l'Arcenant, mais ses raisins sont moins serrés, mûrissent mieux et donnent un vin meilleur, corsé et franc.

Giboudot (*côte Châlonnaise*), feuille moyenne, glabre sur les deux faces ; vrille longue ; grappe plutôt grosse que moyenne ; grains serrés, légèrement oblongs ; cépage vigoureux et fertile en bon sol ; vin médiocre. Taille longue.

Grand Théoulier, (*Hautes et Basses-Alpes*).

Manosquen (*Var et Bouches-du-Rhône*).

Plant de Porto (*environs de Marseille*). Feuilles moyennes un peu tourmentées, glabres à la face supérieure et cotonneuses à la face inférieure ; belles grappes régulières, très-allongées ; grains gros, légèrement oblongs, à peau un peu épaisse ; vin moëlleux, coloré ; cépage fertile, mais sensible aux gelées de printemps.

Grenache (*Pyrénées-Orientales, Hérault, Gard*).

Roussillon, Alicante (*Var et Bouches-du-Rhône*).

Redondal (*Haute-Garonne*).

Granaxa (*Aragon*).

Sarments très-gros à leur partie inférieure, courts, nœuds saillants et rapprochés ; feuilles lisses sur les deux faces, d'un vert jaunâtre ; grappes grosses ; grains légèrement oblongs, peu serrés, d'un noir un peu bleu. Cépage peu vigoureux; vin fin et parfumé.

Gros Gromier du Cantal, ou Grec rouge. Feuilles grandes, glabres sur les deux faces, denture profonde ; grappe énorme, fortement ailée, conique, à gros grapillons bien détachés ; grains gros, ronds, de couleur rouge, raisins aussi médiocres pour la table que pour la cuve.

Groslot de Valère. Feuilles moyennes, glabres en dessus et un peu cotonneuses en dessous ; grappe moyenne; grains moyens, très-ronds, un peu serrés ; cépage fertile, de peu de vigueur

Grün Muskateller. Grün Manhard Traube. Feuilles moyennes, glabres en dessus et cotonneuses sur la face inférieure; grappe moyenne ; grains petits, légèrement oblongs, plutôt jaunes que verts. Le goût du raisin rappelle un peu celui de nos muscats, mais il est moins prononcé et paraît propre à donner du vin de qualité.

Foirard, Gueuche, Maldoux (*Jura*) Feuilles moyennes d'un vert pâle, un peu boursoufflées, glabres en dessus et cotonneuses en dessous ; grappes grosses; grains ronds très-serrés. Cépage très-fertile. Mauvais vin. Taille courte.

Guillan musqué. Muscat fou. Feuilles épaisses, glabres à la face supérieure et cotonneuses en dessous, denture aiguë ; grappe allongée, à grains ronds, peu serrés, de couleur ambrée ; cépage fertile, bon vin. Taille longue.

Schwartz Klœvner. Voyez. *Plant doré.*

Weiss Klœvner. Synonyme de *Epinette blanche.*

Grau Klœvner. Synonyme de *Pineau gris.*

Klœvner violet-clair. Feuillage ressemblant beaucoup à celui des pineaux ; grappe petite, conique. Les *Klœvner* les *Rauschling* et les *Riesling* sont appelés *Plants gentils* sur les bords du Rhin.

Liverdun, Ericé noir, Grosse-Race (Meurthe, Moselle). Feuilles régulières, d'un vert foncé en dessus, nues en dessous ; grappe conique, un peu ailée, grains légèrement oblongs, moins serrés que ceux du gros Gamay, sujets à la brouissure Cépage très-fertile, vin peu coloré, manquant de corps et peu alcoolique

Malbec, Cot de Bordeaux. Feuilles grandes, d'un vert foncé, glabres ; pétioles et nervures légèrement teintées de rouge; grappes superbes, allongées ; pédoncule et pédicelles d'un rouge vif ; grains plutôt gros que moyens, bien espacés. Cépage vigoureux, très-fertile, mais sujet à la coulure. Vin bon, ferme, coloré. Taille longue.

Marsanne grosse (Hermitage). Feuilles grandes, glabres à la partie supérieure et cotonneuse en dessous, denture large, pétiole fort et long; grappes moyennes, grains petits, ronds, peu serrés, d'un blanc verdâtre, se teintant en jaune à l'exposition du soleil.

Marsanne petite. Diffère peu de la grosse.

Mauzac rose. Feuilles petites. vert foncé, mais terne en dessus, un peu cotonneuses en dessous, presque rondes ; grappes moyennes, cylindro-coniques, un peu ailées, à pédoncule court ; grains ronds, moyens, serrés, de couleur rouge clair. Bon vin.

Melon, gamay blanc (Jura). Le melon surnommé à tort Gamay Blanc à Château-Châlons, est de la famille des Savagnins cultivés dans le Jura.

Merlot, Vitraille (Bordelais). Feuilles amples, profondément découpées, d'un vert foncé en dessus, un peu cotonneuses en dessous ; grappe moyenne, ailée; grains moyens, ronds. d'un beau noir ; très-bon vin ; mais les raisins pourrissent facilement.

Meslier jaune. M. Pulliat avait cru d'abord que ce cépage était le Pineau blanc ou Chardenay ; mais il a reconnu que s'il avait quelque analogie avec ce dernier, il en différait cependant assez pour ne pas permettre de les confondre. Ainsi, son port et son feuillage sont bien différents ; ses raisins ont un parfum spécial et il mûrit plutôt que le Chardenay.

Meunier, Morillon taconné, Fernaise, Plant de Brit, Carpinet, Goujean, Muller Reben (Rives du Rhin). Ce cépage est facile à reconnaître par ses feuilles recouvertes des deux côtés d'un duvet blanc très-épais, qui lui a valu son nom de Meunier. C'est un pineau ; mais il donne du vin moins bon que les autres membres de cette famille ; il est fertile.

Mondeuse, Mouteuse, Persagne, Gros plant, Meximieux, Chétouan savoyant, etc. Feuilles plus que moyennes, plus longues que larges, d'un vert pâle ; les lobes voisins du pétiole sont inégaux ; grappe longue, ailée, pyramidale ;

vrilles longues et fines; grains très-légèremont oblongs, espacés dans les années médiocres, plus serrés dans les bonnes, d'un noir un peu pruiné, d'un goût peu agréable. Cépage très-fertile, vin coloré, dur, chargé en tannin.

Morastel, Monestel, Monasteou, Plant de Ledenon. Feuilles moyennes, légèrement boursoufflées, brillantes en dessus et cotonneuses en dessous, denture bien marquée; grappe grosse, ailée; grains ronds, serrés, d'un beau noir.

Mornin noir, Chasselas noir. Ce cépage a les mêmes caractères botaniques que le Chasselas de Fontainebleau, si ce n'est que ses jeunes feuilles sont d'une couleur grenat infiniment plus foncé. Une fois développées, ses feuilles sont d'un beau vert prenant à l'arrière-saison une teinte rouge. Cépage très-fertile. Vin coloré, mais peu alcoolique et conséquemment de peu de durée.

Mourvèdre, Mourvède, Bon avis, Flouron, Espar, Plant de Saint-Gilles, Balzac, Beni Carlo, Tinto, Tintilla, Mataro. Sarments gros, mérithalles un peu longs, feuilles plus que moyennes, d'un vert foncé en dessus, très-cotonneuses en dessous; grappes pyramidales, ailées, à pédoncule court; grains moyens, ronds, d'un beau noir, légèrement pruiné. Cépage vigoureux, très-fertile; vin coloré, corsé, solide.

Muskatellier noir de Genève. Blauer Muskatellier. Feuilles petites, d'un vert jaunâtre, glabres des deux côtés; lobes bien marqués, les premiers sinus arrondis au fond, celui du pétiole est presque fermé; grappe plus que moyenne, ailée; grains presque ronds, serrés, d'un noir bleuâtre; cépage vigoureux et fertile.

Neyrou. Neyran. Bois mince et d'un brun gris en hiver. Vin moelleux, d'un bon bouquet et coloré. Cépage peu fertile.

Noir de Lorraine Simoro, Gros-Bec. Feuilles tourmentées, glabres en dessus, munies d'un duvet aranéeux en dessous, sinus supérieurs bien marqués; grappe longue à pédoncule rouge, grains gros, ronds. Vin rouge corsé, se conservant bien; cépage fertile.

Noir-menu, Petit-noir. Variété du Pineau noir à feuilles un peu plus larges; bois plus fort; grains un peu plus gros, serrés; plus productif que le Pineau noir; vin moins fin, mais plus ferme.

Orleaner, Orleander, Gros Riesling. Feuilles moyennes, glabres en dessus, cotonneuses en dessous ; sinus marqués : grappe moyenne, un peu ailée ; grains moyens, serrés, d'un goût très-sucré, sujets à pourrir.

Ortlieber, Klein, Rauschling, Kniperlé, Petit miel-leux. Feuilles grandes, d'un vert foncé, glabres en dessus, cotonneuses en dessous ; grappe petite ; grains petits, serrés, se dorant à l'exposition du soleil, sujets à pourrir. Bon vin.

Parvereau, Prouvereau. Feuilles moyennes, sinus très-marqués ; grappe grosse, parfois ailée ; grains moyens, ronds, peu serrés, légèrement parfumés dans les années sèches. Vin très-coloré, mou.

Persan (Savoie). Feuilles d'un vert foncé en dessus, d'un vert plus pâle en dessous, moyennes, presque rondes ; pétiole maculé de rouge ; grappe moyenne, grains oblongs, serrés ; saveur âpre. Cépage vigoureux. Vin bon, excessivement corsé.

Petit Danesy, Raisin de Grave (*Allier*). Bourgeonnement d'un rouge brun ; feuilles moyennes, d'un vert foncé, bien découpées ; glabres en dessus et cotonneuses en dessous ; grappe allongée, supportée par un pédoncule qui reste vert ; grains moyens, oblongs, d'un blanc qui se dore du côté du soleil. Bon vin. Cépage vigoureux. Taille longue.

Picpoule noire, Picpouille noire. Feuilles moyennes, glabres en dessus, cotonneuses en dessous ; pétiole long et mince, légèrement teinté de rose ; grappe grosse, ailée ; grains moyens, oblongs, serrés ; vin coloré, spiritueux : cépage fertile.

Pineau de la **Loire, Gros Pineau, Chenin, Ugne Lombarde,** Feuille petite, boursoufflée, glabre en dessus, très-cotonneuse en dessous ; pétiole moyen, teinté de rouge ; grappe moyenne ou grosse, allongée ; ailée ; grains moyens, oblongs, d'un jaune roux du côté du soleil, couverts d'un duvet roux ; bon vin. Cépage fertile.

Pineau blanc. (Voir Chardenay).

Pineau Crépet. Variété du Pineau noir, plus vigoureux, plus fertile, moins bon vin. Taille longue ou courte.

Pineau de Pernand. Variété du Pineau noir, beaucoup plus fertile que le type. Vin moins fin. Taille courte ou longue.

Pineau gris. Beurot. Burot, (*Bourgogne*). **Fromentot. Petit-gris** (*Champagne*).

Auxols. Gris du Dornot (*Moselle*) **Malvoisie. Auvernat gris** (*Loiret et Indre-et-Loire*).

Ce cépage diffère du type par la couleur gris bronzé de ses grains ; c'est, au dire du comte Odart, le plus parfait de tous ; dans tous les cas, c'est le plus sucré ; c'est à lui que les vins de Sillery doivent leur réputation. Il est plus fertile que le Pineau noir. Taille longue.

Pineau noir. Noirien. Franc-Pineau. Ce pineau est le type de toute la tribu ; bourgeonnement blanc duveté ; feuille moyenne, légèrement tourmentée, glabre en dessus, très-peu cotonneuse en dessous ; denture très-inégale ; sarments d'une grosseur presque uniforme sur toute leur longueur, très-souples ; grappe petite, cylindrique. rarement ailée, grains petits, ronds, juteux, très-sucrés. excellent vin, cépage d'une bonne fertilité. Taille courte ou longue.

Pineau rougin. Le Pineau rougin se distingue du type par la couleur moins foncée de ses grains, qui sont aussi un peu plus gros, et qui ont une saveur très-fine : il est plus fertile que le type.

Plant de Béraou. Gros pied rouge mérillé. Variété de Cot ; je l'ai reçue de M. d'Imbert, ancien préfet de la Vienne ; ce plant ressemble beaucoup au Cot à queue verte ; c'est un cépage vigoureux, fertile produisant un bon vin, corsé et très-coloré. Taille longue.

Plant de la Dole. Ce cépage est un gamay spécialement cultivé dans le canton de Vaud (Suisse), d'où j'en avais fait venir 3,000 chapons qui n'ont pas répondu à l'éloge que fait de ce plant le comte Odart ; il produisait fort peu, et j'ai dû l'arracher. M. Pulliat, d'accord en cela avec le comte Odart, le dit cependant très-fertile. Peut-être ne m'a-t-on pas envoyé le vrai Plant de la Dole.

Plant de Roi. Parmi les chapons de *Romain* que j'ai tirés du département de l'Yonne, il s'en est trouvé quelques-uns de Plant de Roi. C'est peut-être bien une variété du Cot à queue rouge, car il a quelques points de ressemblance avec lui ; mais il en diffère par la couleur de son bois, qui est canelle foncé, au lieu d'être gris strié de noir, par son raisin qui n'a pas la même forme, ni le même goût ; enfin, ce plant me paraît beaucoup moins fertile que le Malbec et le Cot à queue verte.

Plant doré d'Aï. Petit-Plan doré d'Aï. Variété de Pineau cultivée surtout en Champagne ; il en diffère en ce que ses grappes sont plus ailées, plus allongées, et dont les grains sont moins serrés.

Poulsard, Pendoulot, Raisin-perle, Métie. Feuille grande, mince, d'un beau vert en dessus, plus pâle en dessous ; sinus très-profonds, denture grande, aiguë ; grappe assez grosse, à pédoncule mince, peu solide ; grains oblongs, d'une forme semblable à celle d'une petite olive ; ces grains, d'une couleur rouge foncé, sont charnus ; vrilles très-longues, minces ; cépage très-fertile lorsqu'il n'est pas atteint par la coulure, à laquelle il est très-sujet. Je dois dire cependant, que, chez moi, il y a été peu sensible. A Arbois, on fait avec ses raisins, du vin mousseux, et à Château-Châlons. on en fait des vins de paille très-estimés, connus sous le nom de *vin de garde de Château-Châlons.*

Quillard, Jurançon blanc. Feuilles moyennes, ternes en dessus, très-cotonneuses à l'envers, très-découpées ; grappe plus que moyenne, ailée, grains ronds, très-serrés, pourrissant facilement, et restant longtemps verts. Cépage très-fertile, produisant les bons vins de Jurançon.

Riesling, Petit Riesling, Gentil aromatique. Feuilles grandes, rugueuses, d'un vert très-foncé, très-découpées, souvent irrégulières ; grappe petite, serrée ; grains ronds, petits, verdâtres, passant au jaune du côté du soleil ; cépage peu productif.

Romain, César. Feuilles grandes, d'un vert foncé quand le cep est très-vigoureux, ordinairement vert moyen, glabre des deux côtés ; vrilles longues, minces ; grappe grosse, longue, souvent ailée ; grains moyens, ronds ; cépage très-fertile, produisant un vin médiocre. Taille courte ou longue.

Roussanne. Feuilles grandes, aussi larges que longues, généralement tourmentées, glabres en dessus et cotonneuses en dessous ; grappes moyennes, ailées ; grains moyens, ronds ; écartés, restant longtemps verts, puis devenant très-roux à leur maturité. Ce cépage produit les bons vins blancs de l'Hermitage.

Saint-Pierre, Lucane, Feuilles moyennes, glabres en dessus, légèrement cotonneuses en dessous ; grappe longue, ailée ; grains moyens, ronds, peu serrés, d'un jaune doré ; bon vin.

Savagnin, Sauvagnin, Naturé, Feuille ronde, Grun Traminer. Bourgeonnement duveté blanc ; feuilles moyennes ou petites, d'un vert foncé, glabres en dessus, légèrement cotonneuses en dessous ; le pétiole et les nervures sont très-faiblement colorés de rouge ; grappe moyenne, un peu ailée ; grains légèrement oblongs, petits ou moyens, à pellicule épaisse, d'une teinte verte qui se dore faiblement du côté du soleil. Excellent vin. Ce cépage, taillé à long bois, donne un produit satisfaisant.

Savagnin jaune. Ce cépage est une variété du précédent.

Sauvignon, Surin, Fié, Blanc fumé, Servoyen. Feuilles moyennes, un peu tourmentées, glabres en dessus, fortement duvetées en dessous ; grappe moyenne à grains très-serrés, oblongs ; saveur parfumée. Ce cépage très-vigoureux, produit les excellents vins blancs de Sauterne.

Sauvignon à gros grains, Sauvignon de la Corrèze. Feuilles grandes, glabres en dessus, légèrement duvetées en dessous, grappe moyenne, ailée, grains un peu plus gros que ceux du précédent,

Sémillon blanc, Colombar, Chevrier. Feuille moyenne, un peu épaisse, vert pâle en dessus, cotonneuse en dessous. très-découpée ; grappe grosse, allongée ; grains un peu au-dessus de la moyenne, ronds, peu serrés, d'un jaune pâle. Cépage vigoureux produisant les bons vins blancs de Barsac.

Serine noire, Candive. Feuille grande, d'un vert pâle, glabre en dessus, un peu duveteuse en dessous ; sinus pétiolaire très-ouvert ; grappe longue, cylindrique, ailée ; grains légèrement oblongs, peu serrés.

Ce cépage produit les vins de Côte-Rôtie.

Silvaner rouge, Roth szirifandl. Feuille moyenne, presque ronde, glabre sur les deux faces ; grappe moyenne, presque cylindrique ; grains petits, ronds, d'un rouge clair, d'un suc très-doux et agréable, craint beaucoup les gelées d'hiver et de printemps.

Sirrah. Feuilles grandes, vert foncé, glabres en dessus, un peu cotonneuses en dessous ; denture aiguë ; grappe longue, ailée, à pédoncule long et mince ; grains gros, oblongs, d'un beau noir légèrement pruiné ; ce cépage produit les grands vins de l'Hermitage.

La Commission ampélographique du Rhône, après avoir scrupuleusement examiné et comparé la *Serine* avec la *Sirrah*, a déclaré que ces deux cépages étaient identiques.

Tachat (*Jura et Isère*). M. Pulliat dit que le Tachat est une variété du Teinturier du Cher; plus vigoureux, un peu plus fertile, mais que son jus est moins coloré.

Tanat. Feuilles moyennes, rugueuses en dessus, cotonneuses en dessous, révolutées en dessous, souvent entières; grappe grosse, ailée; grains noirs, serrés, ronds, de grosseur moyenne; sujets à pourrir par les temps humides; vin coloré, corsé, spiritueux et d'un bon goût.

Tarnay coulant. Feuilles moyennes, un peu tourmentées, glabres en dessus, un peu cotonneuses en dessous, révolutées inférieurement; grappe à pédoncule faible, petite; grains ronds, serrés, très-noirs, d'une saveur très-douce. Vin coloré et bon.

Teinturier, gros noir mâle. M. Pulliat range les Teinturiers dans le groupe des Pineaux. Feuille rouge dès son premier développement, et devenant d'un rouge noir à l'époque de la maturité du raisin; grappe petite; grains violets dès leur formation, serrés; l'intérieur de son bois est rose. Ce cépage, d'une vigueur moyenne, est peu fertile lorsqu'il est taillé à coursons; il donne un vin excessivement riche en matière colorante, un peu acerbe, mais corsé et contribuant à la conservation du vin avec lequel on le mêle.

Teinturier, gros noir femelle. Variété se rapprochant du Teinturier du Cher; donnant un vin moins coloré que le Tenturier mâle, mais, dit-on, plus vigoureux et plus fertile.

Teinturier du Cher. Feuille petite, d'un rouge moins foncé que celle du gros noir mâle; guère plus fertile et donnant un jus moins coloré.

Tokai, Grauer Tokayer. J'ai reçu sous ce nom quelques milliers de boutures du département de la Moselle; mais les caractères du cep, de ses feuilles et de ses raisins ne répondent pas du tout à la description que le comte Odart fait du Tokai. En faisant des recherches dans son *Ampélographie*, j'ai cru reconnaître mon faux Tokai dans le *Chasselas de Négrepont*.

Le *Tokai* ou *Grauer Tokayer* est commun dans les vignobles du Rhin; il a beaucoup de ressemblance avec le Pineau gris. Ses grains sont couverts d'une pruine abondante; ils sont plus exigus, moins ronds et moins serrés que ceux du Pineau gris, et, au lieu d'être d'un gris bronzé, ils sont d'un bleu d'ardoise.

Traminer, Tramin rouge, Gentil rose. Feuille moyenne, glabre en dessus, garnie d'un duvet blanc en dessous ; grappe moyenne, courte, pyramidale ; grains petits, ronds, d'un rose vif.

Tressallier (*Allier*). Feuilles moyennes, arrondies, peu découpées, glabres en dessus, ayant des points et des filets duvetés à la face inférieure ; bois mince, allongé, rouge pendant la végétation ; grappes moyennes, allongées ; grains moyens, ronds, peu serrés, un peu jaunes à la maturité.

Tressot, Verrot de **Coulanges**. Feuilles grandes, épaisses, glabres en dessus, cotonneuses en dessous, profondément découpées ; grappe petite, ailée, pyramidale ; grains ronds, moyens, d'un noir bleu, légèrement pruinés.

Trousseau (*Jura*). Bourgeonnement blanc, bordé de rose ; feuilles plus que moyennes, épaisses, très-rugueuses, glabres en dessus, légèrement cotonneuses en dessous, d'un vert jaunâtre ; grappe moyenne ; grains légèrement oblongs, noirs, mais pruinés, craignant l'humidité qui, parfois, les fait pourrir. Vrilles courtes, très-nombreuses ; cépage excessivement vigoureux ; fertile. Il produit le bon vin des Arsures.

Ulliade, Morterille noire. Feuilles assez grandes, bien découpées ; grappe très-grosse, ailée, pyramidale ; pédoncules et pédicelles longs et minces : grains très-gros, d'un noir mat, oblongs, saveur fine, très-fraîche et très-agréable.

Verdelho de **Madère**. Feuilles moyennes, presque entières d'un vert foncé, glabres sur les deux faces ; grappe allongée, un peu conique ; grains moyens, olivoïdes, conservant une teinte verte jusqu'à leur maturité, excepté ceux qui sont le plus exposés au soleil et qui jaunissent un peu. Très-bon vin.

Verdot. Feuilles plus longues que larges, assez fines, à trois ou cinq lobes, le médian s'allongeant en pointe, d'un beau vert en dessus. cotonneuses en dessous, mamelonnées ; grappe plus que moyenne, allongée, pourvue de deux ailes régulières ; grains ronds, petits, inégaux, très-pruinés, d'une saveur acidulée. Ce cépage produit, dans les palus de la Gironde, un vin qui a beaucoup de sève, de plénitude et de vinosité.

Vionnier ou **Viognier** (*Côte-Rôtie et Condrieu*). Feuilles moyennes, fines, à cinq lobes, d'un vert clair. Grappe belle, allongée, ailée, garnie de grains ronds, très-serrés, dorés, transparents, juteux, très-sucrés. Très-bon vin.

Ximénès, Pedro Ximénès. Feuilles d'un vert jaunâtre avant leur entier développement, glabres sur les deux faces; vers l'époque de la maturité du raisin, les nervures, le limbe et le pourtour des feuilles deviennent jaunes. Les grappes sont longues, ailées, coniques, très-belles, mais peu nombreuses. Grains légèrement oblongs, gros, peu serrés, d'un blanc verdâtre, jaunissant du côté du soleil, sujets à la pourriture. La grappe et son pédoncule atteignent souvent une longueur de trente-cinq centimètres. Ce cépage concourt, pour les cinq sixièmes, à produire le vin de Malaga.

Epoques de maturité de chaque cépage.

PREMIÈRE ÉPOQUE.

Tous les pineaux de Bourgogne, Poulsard, Neyrou, Petit Gamay, Gamay de Bévy, Gamay d'Evelles, Gamay de Malin. Gamay Châtillon, Gamay de la Bronde, Gamay Magny, Gamay Monternier, Gamay Nicolas, Gamay Picard, Gamay de Vaux, Gamay de Saint-Romain, Gamay teinturier, Gamay de la Dole, Teinturier gros noir mâle, Teinturier gros noir femelle, Teinturier du Cher, Liverdun, Meunier, Aligoté, Chasselas de Négrepoñt, Cot à queue rouge, Malbec, Cot à queue verte, Gros pied rouge merillé, Gros Gamay, Melon, Silvaner, Tachat, Epinette blanche, Fendant roux, Groslot de Valère.

DEUXIÈME ÉPOQUE.

Chauché noir, Chenin noir, Corbeau, Cornet, Dégoûtant, Enfariné, Gentil rose, Giboudot, Grün, Muskateller, Guillan musqué, Klein Rauschling, Merlot, Muskateller noir de Genève, Orléaner, Verrot, Plant de Roi, Romain, Saint-Pierre, Savagnin vert, Savagnin jaune, Tressot, Verdelho de Madère, Vionnier, Gamay d'Arcenant, Gamay Ovolat, Enfariné, Trousseau, Damas noir.

TROISIÈME ÉPOQUE.

Augubi, Carignan, Baclan, Bouchalès, Clairette, Furmint, Grand Téoulier, Grec rouge, Grenache, Gueuche, Quillard, Marsanne, Mauzac rose, Mondeuse, Noir de Lorraine, Riesling. Roussanne, Sauvignon, Sauvignon à gros grains, Sémillon blanc, Sirrah, Tanat, Tarney coulant, Pedro Ximénès, Grosse merille, Arrouya.

QUATRIÈME ÉPOQUE.

Aramon, Mourvèdre, Cabernet Sauvignon, Carmenère, Picpoule, Ulliade, Verdot.

TABLE DES MATIÈRES

LA VIGNE.

CULTURE DE LA VIGNE.

ASSOLEMENT DE LA VIGNE.

CULTURE ANNUELLE DE LA VIGNE.

DES INTEMPÉRIES.

MALADIES ET INSECTES PARASITES
DE LA VIGNE.

VINIFICATION.

DE LA FERMENTATION VINEUSE.

MALADIES DES VINS.

CONSERVATION DES VINS.

FIN DE LA TABLE.

St-Etienne, imprimerie BENEVENT, place de l'Hôtel-de-Ville, 4.

...noires. — ... ...

zette du village. fondée par Victor Borie. — Une livraison in-4° de 8 p. avec nombreuses gravures noires, paraissant tous les dimanches. — Un an ..... 6 »

n Fermier (le), par Barral, et pour les nouveautés agricoles de l'année, par MM. Alix, de Céris, Gayot, Grandeau, Grandvoinnet, Heuzé, Liébert, Eug. Marie, Rampon-Lechin et Ronna, 1 vol. in-12 de 1,448 pages et 100 gravures..... 7 »

n Jardinier (le), almanach horticole, par POITEAU, VILMORIN, BAILLY, NAUDIN, NEUMANN, PEPIN, 1 vol. in-12 de 1,616 pages...................... 7 »

BIBLIOTHÈQUE DU CULTIVATEUR, publiée avec le concours du Ministre de l'Agriculture.

36 VOLUMES IN-18, A 1 FR. 25 C. LE VOLUME.

griculteur commençant (Manuel de l') par Schwerz, traduit par Villeroy, 5e édition, 332 pages.

griculteurs illustres (les), par Paul Heuzé, 128 pages, 9 gravures.

nimaux domestiques, par Lefour, 1 vol. de 162 pages et 57 gravures.

sse-cour, pigeons et lapins, par Mme Millet-Robinet, 5e édition, 180 p. 31 grav.

êtes à cornes (Manuel de l'éleveur de), par Villeroy, 300 pages, 60 gravures.

alendrier du métayer, par Damourette, 180 pages.

hamps & prés (les), par Joigneaux, 140 pages.

heval (Achat du), par Gayot, 1 volume de 180 pages et 25 gravures.

heval, âne & mulet, par Lefour, 1 vol. de 176 pages et 141 gravures.

heval percheron par Du Hays, 176 pages.

hou (Culture et emploi du), par Joigneaux, 180 pages et 14 gravures.

omptabilité et géométrie agricoles, par Lefour, 216 pages et 104 gravures.

uisine (la) de la ferme. par Mme Michaux, 180 pages.

ulture générale et instruments aratoires, par Lefour, 1 v. in-18 de 168 p. et 185 gravures.

conomie domestique, par Mme Millet-Robinet, 3e édit, 245 pages et 78 gravures.

ngraissement du bœuf, par Vial, in-18 de 100 pages et 12 gravures.

ermage (Estimation, plan d'amélioration, baux), par de Gasparin, membre de l'Institut, ancien ministre de l'agriculture, 3e édition, 176 pages.

umure & des étendues de fourrages (les formules des) par Gustave Heuzé, 2e édition, 68 pages.

oublon par Era h, traduit par Nicklès, 136 pages et 22 gravures.

ièvres, lapins & léporides, par Eug. Gayot, 216 pages et 15 gravures.

aréchalerie ou ferrures des animaux domestiques, par Sanson, 1 vol. de 180 pages et 27 gravures.

édecine vétérinaire (Notions usuelles de), par Sanson, 1 vol. de 180 p. et 13 gr.

étayage, par de Gasparin, 2e édition, 162 pages.

outons (les), par A. Sanson, 1 volume in-18 de 180 pages et 56 gravures.

oyer (le), sa culture, par Huart du Plessis, 2e édition, 1 vol. in-18, 175 p. et 45 gr.

livier (L'), par Riondet, 1 vol. de 139 pages.

igeons, dindons, oies & canards, par G. Pelletan, 140 pages et 21 gravures.

lantes oléagineuses, par Heuzé, 1 vol. de 150 pages avec gravures.

orcherie (Manuel de la) par L. Léouzon 1 vol. de 180 pages et 37 gravures.

oules & œufs, par E. Gayot, 1 volume de 208 pages et 35 gravures.

aces bovines, par Dampierre, 2e édit. 196 pages et 28 gravures.

ol & engrais, par Lefour, 180 pages et 54 gravures.

tations agronomiques & laboratoires agricoles, par M. Grandeau, in-18 de 136 pages et 12 gravures.

abac (le), moyens d'améliorer sa culture, par Schlœsing et Grandeau, 1 v. avec tab

ravaux des champs, par Victor Borie, 188 pages et 121 gravures.

aches laitières (Choix des), par Magne, 140 pages et 39 gravures.

Saint-Étienne, imprimerie BENEVENT, place de l'Hôtel-de-Ville, 4.

www.ingramcontent.com/pod-product-compliance
Lightning Source LLC
Chambersburg PA
CBHW061122220326
41599CB00024B/4134